重塑身心

徐珂　金姿言　露娜◎主编

華中科技大學出版社
http://press.hust.edu.cn
中国·武汉

图书在版编目(CIP)数据

重塑身心 / 徐珂，金姿言，露娜主编. — 武汉 ：华中科技大学出版社，2024. 9.
ISBN 978-7-5772-0366-9

Ⅰ. B848. 4-49

中国国家版本馆 CIP 数据核字第 2024TZ7956 号

重塑身心
Chongsu Shenxin

徐珂　金姿言　露娜　主编

策划编辑：沈　柳
责任编辑：陈　然
封面设计：琥珀视觉
责任校对：林宇婕
责任监印：朱　玢
出版发行：华中科技大学出版社(中国·武汉)　电话：(027)81321913
武汉市东湖新技术开发区华工科技园　邮编：430223
录　　排：武汉蓝色匠心图文设计有限公司
印　　刷：湖北新华印务有限公司
开　　本：880mm×1230mm　1/32
印　　张：7.125
字　　数：146 千字
版　　次：2024 年 9 月第 1 版第 1 次印刷
定　　价：50.00 元

华中出版

本书若有印装质量问题，请向出版社营销中心调换
全国免费服务热线：400-6679-118　竭诚为您服务

序

掌握重塑成功快乐人生的奥秘

人类是习惯性动物。我们的很多行为往往是下意识完成的，比如驾驶员进车就下意识地系上安全带，这是一种安全习惯。然而，也有一些习惯并不那么有益，比如，咬指甲或抽烟等。虽然我们知道这些习惯无益甚至有害，但我们很难改变它们。习惯看似简单，实则涉及大脑中神经网络和大脑的各个区域。一些习惯由于长期反复出现，已经逐渐变成了我们的一部分，形成了一种“自动化行为”。这种自动化行为的优点在于高效和快捷，但也意味着我们往往无法对其进行深入思考，甚至忽视了其潜在风险。

改变这些负面习惯并非易事，需要长期的自我监督和自我挑

战。而神经语言程序学(NLP)的心理治疗方式为我们提供了一种新的视角和方法。神经语言程序学是一种以语言和神经科学为基础的心理治疗方法，它通过改变一个人的思维模式和行为模式来达到改变生活习惯的目的。这种方法强调的是建立新的行为模式，而不是试图压制或抵制旧的习惯。通过深入了解习惯形成的机制，神经语言程序学帮助我们发现潜藏在习惯背后的负面情绪和需求。当我们能够理解这些负面情绪和需求时，我们就有了更多的可能性去选择更为积极的行为模式。这种积极的行为模式可以是习惯的替代品，也可以通过反复强化逐渐发展成新的习惯。为了帮助人们实施这种积极的行为模式，神经语言程序学提供了一系列的方法，包括自我观察、自我反馈、自我肯定等。这些方法可以帮助我们更加清晰地认识自己的习惯和需求，同时也提供了改变的路径。

通过了解神经(neuro)这一关键概念，我们得以理解大脑在沟通、思维以及行为中的作用机制。它作为 NLP 的重要内容之一，展现了思维状态如何影响个体的沟通方式和行为模式。神经揭示了思维和身体状态之间的紧密联系。我们的思维、情绪状态及身体反应，都会影响我们的沟通方式和行为。例如，当我们感到紧张或焦虑时，我们可能会更倾向于避免直接冲突，或者在沟通中表现出更多的防御性。这是因为这些情绪状态会改变我们的思维路径，使我们更倾向于采取自我保护的思维方式。神经也强调了大脑思维网络的重要性。每个人的大脑思维网络都是独特的，它反映了他们的思考方式、信念、价值观以及情感反应。通过观察一个人的大脑思维网络，我们可以更好地理解他的思维方式、成长方式，以及如何通过影响这些因素来改变他的行为。NLP 提供了一种体系化的方法来理解和改变人的思维和行为模式。通过运用适当的沟通技巧和反馈机制，我们可以帮助个体识别并改变思维路径，从而优化行为表现。这种方法不仅可以应用于个人，也可以应用于团队沟通和企业管理。

神经语言程序学（NLP）中的 L 指语言（linguistic）。语言，不仅仅是人们用来交流的工具，更是揭示每个人大脑内在运作方式的钥匙。它包括语音、语法、词汇等要素，不仅反映了我们的文化背景、教育程度、个人经历等外部因素，更在一定程度上反映了我们的身体状态和大脑活动。语言就像一面镜子，反映出我们的情绪、思维和行为。

当我们感到紧张、焦虑或疲惫时，我们的大脑常会自我否定。外在的语言表达方式和词语选择可能会变得重复、单调或混乱。当我们感到平静、放松或兴奋时，我们则会不断鼓励和肯定自己。外在的语言表达会变得更加流畅、丰富和有创造性。**因此，通过语言，我们可以洞察自己的内在状态，从而更好地调整自己的情绪和行为，也可以通过语言的自我肯定和鼓励来改变内在状态。**

神经语言程序学（NLP）通过分析每个人的语言模式来揭示人类大脑的内在运作机制。NLP 认为，每个人都有自己的语言模式，这些模式受到家族基因、童年经历、生活环境和习俗等各种因素的影响。这些模式可能会以隐性的方式存在，并影响我们的思考和决策过程。

如果我们掌握了这些隐性的语言模式，我们就能更准确地理解自己和他人的需求和感受。例如，一个常常使用责备、批评或命令语言模式的人，可能会倾向于把自己的需求置于他人的需求之上，而一个经常使用积极肯定的语言模式的人，则更有可能考虑到他人的感受和需求。通过了解这些语言模式，我们可以更好地与他人沟通，更有效地传达我们的意图和情感，同时也能更好地理解他人的意图和情感。

语言是我们了解自己和他人内在状态的重要工具。通过学习语言，我们可以更好地调整自己的情绪和行为，更有效地与他人沟通，同时也能更好地理解他人的需求和感受。

在充满快节奏和压力的现代生活中，我们常常发现自己被习惯性的想法和信念所支配。然而，你知道吗？这些所谓的“程式”，其实就是我们大脑中编程（programming）的产物，它们塑造了我们的思维和行为模式。

想象一下，你的大脑就像一台计算机，而 NLP 就是编写和修改计算机程序的工具。通过 NLP，我们可以识别出那些过时的程序，并替换它们，以更好地适应我们的生活和需求。例如，如果你总是对某些事物产生负面的想法，或者总是对某些情况做出同样的反应，那么 NLP 可以帮助你识别这些程式，并通过谈话、反思和练习来改变它们。

NLP 的技巧包括语言重构、利用意识与潜意识、情绪管理等，这些都可以帮助我们更好地理解和改变我们的思维和行为模式。

通过 NLP，我们可以学会如何更好地为自己的生活“编程”，而不是被“固有程序”所支配。时刻去觉察和改变自己的“固有程序”,就可以更好地与世界和他人相处。

一、共同感

共同感如同一种无声的语言,能够迅速拉近你与他人之间的距离。它是一种神奇的力量,能够让你在短时间内赢得他人的信任和喜爱。那么,如何建立这种共同感呢?答案其实很简单,那就是理解并读懂他人的身体语言。

首先,我们需要了解什么是身体语言。它是人们对感官信息的偏好,包括视觉、听觉、触觉等。通过观察和了解他人的身体语言,我们可以找到与他们建立联系的突破口。例如,有些人更喜欢通过语言来表达自己的情感,而有些人则倾向于通过肢体语言来传达信息。了解这些偏好,可以帮助我们更好地与他们沟通。

我们需要学会读取他人的眼神。眼神是人类交流中非常重要的一部分,它可以帮助我们了解他人的情绪和需求。通过观察他人的眼神,我们可以判断出他们是否对我们的话语感兴趣,以及他们的反应和态度。这有助于我们更好地调整自己的言辞和行为,以便与他们产生共鸣。

我们需要关注他人的谓语用词偏好。谓语用词是人们在表达观点和意见时所使用的词语。不同的人可能会有不同的谓语用词偏好,通过了解这些偏好,我们可以更好地理解他们的观点和意图。同时，我们也可以根据自己的谓语用词偏好来调整自己的表达方式，以便更好地与他们沟通。

通过理解他人的身体语言、读取眼神和关注谓语用词偏好，我们可以快速建立共同感。这种共同感不仅能够帮助我们与他人建立良好的关系，还能够为我们带来更多的机会和成功。

二、目标导向型思维

目标导向型思维，是一种以目标为导向的思维方式。它强调我们应该关注我们所做事情的结果，而不要陷入负面的思维模式中。这种思维方式可能有助于我们制定最佳决策和做出最佳选择。

首先，我们需要明确我们的目标。目标是我们行动的方向。通过明确目标，我们可以更好地规划我们的行动步骤，从而更有效地实现我们的目标。**其次，我们需要关注我们的行动带来的结果。**结果是行动的最终体现。通过关注结果，我们可以评估我们的行动是否有效，是否需要调整行动计划。这有助于我们不断优化自己的行动策略，从而更好地实现我们的目标。**最后，我们需要保持积极的心态。**目标导向型思维并不意味着我们要忽视过程中遇到的困难和挑战。相反，我们需要正视这些困难和挑战，并积极寻找解决问题的方法。只有这样，我们才能在追求目标的过程中不断成长和进步。

总之，目标导向型思维是一种有益的思维方式。通过明确目标、关注结果和保持积极的心态，我们可以更好地实现目标，从而让我们的生活更加美好。

三、行为灵活性

行为灵活性，是指在面对不同的情况和挑战时，能够灵活调整自己的行为方式的能力。在 NLP 实践过程中，学习行为灵活性是一个非常重要的方面。它可以帮助我们发现新的视角，并将新的习惯纳入我们的行为模式之中。

首先，我们需要适应不同的情况和环境。生活中总会有各种各样的变化和挑战，面对这些变化和挑战，我们需要学会调整自己的行为方式，以便更好地应对各种情况。这需要我们具备一定的应变能力和适应性。

其次，我们需要学会从不同的角度看待问题。有时候，问题的解决方案并不那么明显。在这种情况下，我们需要学会换一个角度来看待问题，以便找到更好的解决方案。这需要我们具备一定的创造力和想象力。

最后，我们需要不断地学习和成长。行为灵活性并不意味着我们要随意改变我们的行为方式，相反，我们需要在不断学习和成长的过程中，逐步调整和改进我们的行为方式。这需要我们具备一定的学习能力和自我反省能力。

在NLP的世界里，改变是从行动开始的。我们不再纠结于“为何”，而是专注于“如何”。我们更愿意去通过NLP技巧改变自己的想法、情绪、沟通风格和思维方式，从而获得人生的主动权。

1. 改变想法

NLP鼓励我们质疑自己的固有想法和信念价值观，尝试从不同的角度去看待问题。例如，如果你总是认为自己无法完成某项任务，那么你可以尝试问自己：“如果我可以完成这项任务，我会怎么做?”这样的提问可以帮助你找到新的解决方案，从而改变你的想法。

2. 改变情绪

NLP认为，我们的情绪是由我们的想法和信念引起的。因此，改变自己的情绪，要从改变自己对人和事物的信念和想法开始。例如，如果你总是感到焦虑，那么你可以尝试寻找让你感到焦虑的信念，然后寻找证据证明这些信念是否真实。这样，你可以逐渐调整你的情绪，以更积极的态度面对生活。

3. 改变沟通风格

NLP强调有效沟通的重要性。有效果比有道理更重要。为了改变沟通风格，我们需要学会倾听和理解他人，以及清晰地表达自己的想法和感受。例如，你可以尝试使用“我认为……”这样的句子来表达你的感受，而不是指责他人。这样的沟通方式可以帮助你建立更好的人际关系，提高沟通效果。

4. 改变思维方式

NLP认为，我们的思维方式决定了我们的行为和结果。因此，改变思维方式是改变人生的关键。例如，如果你总是被动地接受，那么你可以尝试问自己："如果我可以主动改变我的生活，我会怎么做？"这样的提问可以帮助你找到自己的人生目标，从而改变你的思维方式，获得人生的主动权。

NLP技巧都是以行动为导向的。通过做和执行来改变我们的想法、情绪、沟通风格和思维方式，我们可以逐渐掌握自己的人生，获得人生的主动权。**让我们从现在开始，迈出改变的第一步吧！**

徐珂

2024年7月1日

第一章　为自己而活

穿过俗常，走向热烈　露娜 / 2
勇于不断探索，做自己命运的主人　陈倩 / 10
优化情绪，乐享生活　高瑞浓 / 17
我的人生三大改变　纪色斐 / 25
我要为自己而活　金姿言 / 33

第二章　为蜕变而战

人生从此开始不同　李玉 / 42
我的蜕变之路　立云 / 49
继续前行，成为更好的婚姻咨询导师　孟海燕 / 56
诸相非相　琅然 / 65
将书法事业与心理学结合起来，我的路越走越顺　莫立霞 / 72

第三章 为跨越而拼

让生命变得鲜活 王佳 / 82
从自卑到自信,NLP 改变了我的人生轨迹 王秋润 / 90
拥有觉知,改变世界 王妍 / 99
给对爱 魏金宇 / 108
重塑身心,心根深系,所以更远——与 NLP、徐珂老师的因缘际遇 冬云 / 116

第四章 为爆发而搏

十年,NLP 让我获得重生——重启职场和重塑身心 阳光小月 / 126
回归教育的本质,激发生命的潜能 杨玲 / 136
风雨兼程中的苦与甜 杨倩 / 145
一切经历都是智慧的礼物 大娟 / 152
NLP 对一名大学生的帮助 游琪佳 / 162

第五章 为幸福而来

做情绪的主人 俞立军 / 172
一个三角形让我生活幸福 张婵 / 181
所有的痛苦经历背后,都藏着人生的惊喜盒子 张芳 / 189
改变信念,拥有不一样的人生 张可凡 / 197
历尽千帆,归来仍是少年 赵书檀 / 206

第一章
为自己而活

穿过俗常，走向热烈

■ 露娜

IFPA、NAHA 双认证国际芳香疗法讲师

美国 NGH 催眠治疗师

国际 NLP 专业执行师

澳洲精油洞悉卡授证讲师

家庭教育指导师

女性能量导师

DISC 授权讲师

3650天前，我开始寻找一条崭新的道路。

3650天后，我终于迎来了美好又热烈的新生。

一场婚姻的结束，让我认知到，积累世俗价值比获得精神自由更加简单。

少时勤奋读书，年轻时拥有体面的工作，进入体面的婚姻，成为世俗价值中，一个体面的人。在40岁前，我努力体面地活着。竭尽所能，在这个沿海农村，做一个合格的长女。

直到有一天，在无尽长夜中，我开始思考：从来如此，就一定正确吗？

扪心自问，我并不能接受自己成为另一个个体的附属品，紧闭双耳、蒙住双眼欺骗自己，我这样做仅仅是为了继续体面下去。

我意识到，我在婚姻中逐渐失去了自我。

还记得那天，在温暖的鹅黄色灯光下，我和父母宣布了离婚的决定，他们的叹息声让灯光都显得晦暗了几分。

阴影笼罩了我很长一段时间，因为于心有愧，所以避而不谈，避而不见。**越发逃避，越发压抑。**而沉默的压抑，只会迎来更加不可控的爆发。

刚离婚时，我像是一根被拉扯到极限的橡皮筋。终于有一天，我操控着车子的方向盘，猛地撞上了沿途的围栏。

我不断地反问自己：我到底是怎么了？我还能够过好自己的生活吗？

那一刻，随着保险杠的断裂，生命也传来了破壳的声音。

现在回想起来，那声音就像贝多芬《命运》交响曲里的敲门声，敲碎了体面的人生，带来了觉知的自我。

伴随着尖锐的汽车笛声，我在沉重的呼吸里，决定做自己。体面的人生或许好看，但却是扭曲变形的。我并不怨恨它，虽然它给予我不间断的苦痛，但最终使我成长。

于是，**我开始寻找那个被抛弃了的自我，不再软弱和逃避。**

为了寻找自我，我开始报名个案辅导班，学习各种心理课程，看励志图书，囫囵咽下，但凡利于我，我都接受。

有一天，朋友问我：如果回到当初，你还会做同样的选择吗？

会的。

因为当时的我，只能做出当下的决定，在当下的认知里，付出努力。

为了让自己能够有更好的状态去面对工作和生活，拥有好的睡眠，我在朋友的建议下，使用了甜橙、薰衣草、雪松这三款精油。甜橙的清新让我感受到喜悦，薰衣草的绵柔让我感受到安定温暖，雪松的刚毅带给我面对困难的勇气。体验精油的过程让我感受到自己内在情绪的变化，更让我想更深入地去探索这些精油背后的原理作用，于是我从一名小白成长为国际芳疗的高级讲师，仅用了一年的时间。大量学习植物精油知识，写下每天的用油感受，让我找到了新世界的大门，开启了直觉力。每每打开不同的植物精油包装，那些芳香分子的气味仿佛在用无声的语言与我交流它们内在的特质。

当你能看见他人的时候，慢慢也就会看见自己。在从事芳疗教育的过程中，我将芳疗与心理相结合，在关注功能用途时，也让学员们感受香气分子带来的身体感受、情绪反应，打开五感，激活记忆的盒子，过往的场景或多或少地浮现出来，有的人喜悦，有的人悲伤，有的人思念着的人涌现眼前。无论是什么，在那个当下，身心同在。

课后，有学员来问我："老师，为什么刚才我闻到薰衣草精油的气味，会想起妈妈，心里莫名地难过？为什么我闻到玫瑰精油的香气，会有失落感？为什么雪松的气味会让我感到很有压迫感？"面对这些情绪反应，除了给他们鼓励和安慰外，我能做的似乎很有限。我再一次问自己：我能做什么？

这一次，我初遇徐珂老师的"情绪为何物"的线上课，这个课程开启了我对情绪的认知。原来，情绪是有分类的，分为系统情绪、原生情绪、派生情绪。原来，愤怒、无力的情绪是有力量的，我开始学着觉察自己的情绪，读情绪的语言：愧疚是委屈，委屈是渴望更好。我开始看见内在小孩（内在子人格之一）的存在，开始想去照顾自己，开始想去探索过去的生命模式。为什么自己能够一直被动地接受所有安排？为什么不敢拒绝？为什么明明是自己想要的选择，却不敢开口？

我进入了疯狂探索自己的阶段，可几十年的模式是那么的根深蒂固，以至于我用力过猛，进入了自我怀疑、批判否定的状态。就像很多学习过相关课程的人一样，我回过头去“挖”原生家庭，非得找到人来背我三十年痛与苦的“锅”，甚至为我那段婚姻的结束承担所有的责任，抓住那根“评判”的缰绳，狠狠地抽打身边的人。这个时候的我，充满了怨气、委屈、不满，看谁都是肇事者。

直到有一天，我看到 NLP 十二条前提假设中的一句话：**每个人都做了当时他能做到的最好**。那一刻，我懂得并感受到什么是“和解”：与父母和解，与自己的过往和解。

曾经，婚姻状况让我难以启齿。在公众场合，我会担心被问及这类话题。于我而言，那是一个带有极大自我否定色彩的污点，是我久久不能坦然面对的结果。谈及前夫，我充满了愤怒和挫败感，而当我看到这句话时，我回想起这一段关系中的林林总总，我们都做到了当时能做到的最好的程度，分开的祝福胜过彼此的消耗。那天，花梨木精油的香气飘满了房间，带着淡淡花香的木质调，房间里放着蓝调音乐，冬日午后的暖阳照在了铺着毛毯的沙发上。坐在沙发上，我的身体一下松弛下来，欣然接受这份生命的礼物。

我决定,重拾自己,继续向前。

于是,我去上了“系统理解六层次”的线下课。课程中,那幅生命五环的图,全面地展示了系统的存在以及人与人之间的关系,让我看到内在世界的能量对外在世界的影响。每个人的内在子人格由内在小孩、内在自我、内在父母、内在女人及内在男人组成,我们具备调动内在任何身份的能力,例如当我想好好学习新知识技能时,我可以调动内在小孩的能力,会更有求知欲;亲密关系中,内在女人的上线能让女性更加温柔有魅力。如此丰富的“角色扮演”,有趣又灵活。

看见内在世界的子人格,仿佛拥有了十八般武艺,让我在情绪出现时,学会对自己提问:“现在是谁在线?角色对位吗?”我开始学会平衡男性能量与女性能量在生活中的运用,明白了我想满足父母对我的期待是出于我“内在男人”的坚强与勇气;明白了“内在小孩”因为过于懂事,在委曲求全的背后,渴望被看见、赞赏;接纳了“内在女人”的身份资格感,允许自己柔软示弱,不再争强好胜。这一切的一切,让我真正感受到何为面面俱到、八面玲珑的自由,身在外,心在内,身心同在,使我们能够确认并清晰感受到当下自己的内在身份状态与外在世界的合一。这就像我喜欢的植物精油,它们来自不同的国家地区、特定的环境,空气湿度、温度不同。海拔高度不同。每一棵植物在生长过程中,充分地享受周围世界带给它们的一切;每一瓶植物精油都真实地呈现它们的生命气息。

当我们开启嗅觉系统去感受时，就像感受不同的人生故事，有欢乐、有悲伤、有沉思、有冒险、有坎坷，但都是那么热烈。

在传播芳疗心理疗愈课的过程中，我遇见了许多不同的生命个体，他们同我分享了美好的生命故事，每个人的内在都闪闪发光，充满了智慧，与其说是课程疗愈了他们，不如说是他们疗愈了我。每一个来到我身边的人都是带着礼物来的，我用拆礼物的心情去感受这些人，大家都是被祝福的。

当我们选择看见并改变时，重塑身心、重新活出热烈的生命，就像新生的婴儿，充满生命力，充满无限可能。

谢谢你看完我的故事。

愿你活出真实的自我，那便是给自己最好的爱。

当我们选择看见并改变时，重塑身心、重新活出热烈的生命，就像新生的婴儿，充满生命力，充满无限可能。

勇于不断探索，做自己命运的主人

■ 陈倩

20 年企管职场人

“80 后”三娃辣妈

国家高级经济师

系统整合践行者

人智学学习践行者

儿童观察与生命健康家庭护理实践者

很开心，在这里我们可以用文字的方式来相识。这是一种多么难得的缘分！我很珍惜。我相信，彼此的相识是命中注定，愿接下来的这段个人成长感悟可以给您带来一丝感动、一丝思考，愿以此为契机，在对彼此的祝福中互相学习、共同成长。

我是一名80后，在国企工作近20年，和我的先生一起养育着3个孩子。回忆过往40年的个人成长历程，经历过挫折，一次次被打压后又一次次爬起来，坚持不懈地探寻自我。在孩子的教育、对家人的日常保健护理中，我选择了一条小众的路，近两年又跟着徐珂老师，走在探索自我潜意识的路上。我相信，实践出真知，通过不断的实践，可以慢慢找到自己的使命。人生路上，你不孤单，因为生命中有很多人在用他们的方式守护、爱护、呵护着你。虽然你可能过往、此刻都并未觉察，但终有一天，你会因为一个人、一件事而觉醒：原来世界可以这样的美好！原来我也可以如此幸福快乐地生活！万事皆有可能，请不要放弃。如海峰老师所言：**每个人的内在都是闪闪发光的存在。你就是独一无二的闪耀存在。**

我的父亲是一名退伍军人，也是一名警察。大概是职业、性格的原因吧，在我的学生时代，父亲对我非常严厉，我从来不敢反驳万事皆有可能，请不要放弃。

父亲。他对我的管教核心点就是“好好学习”，除了吃饭、上厕所，就是学习，这是我唯一的使命。初中的学习生涯是一段刻骨铭心的难忘记忆，365天，我每天学习到凌晨1点，早上5点多起床，满脑子除了学习还是学习。政治老师通常把我的答卷作为标准答案来讲解，我就是别人眼中的好学生。那个时候，我满脸的痘痘，腰部长“腰盘蛇”（带状疱疹）起大包，好痒好痒，那种痒是深入骨子里的，让人坐立难安，但我依然坚如磐石、雷打不动地完成我的学习任务。当时，家乡的医疗水平很有限，妈妈看到这个症状后去医院咨询，医生在我的两个胳膊上扎了40针。记忆中，我躺在病床上，孤立无援，但是我不敢哭，医生一针一针地扎下去，我被折腾了很久很久，但是我咬着牙忍着，一声没吭，眼泪不自主地流下来。后来，医生告诉我们，很遗憾，没有找到过敏原。那个时候，医学无法解释我“腰盘蛇”的原因，也没有好的医治方法。妈妈很无助，毕竟医生都说没有办法了，我告诉妈妈我没事，让她不要担心。我依然按每天仅睡几个小时的作息节奏日复一日地学习，因为那个时候除了学习，脑中没有其他的东西，活得像一个木偶。终于有一天，在一次期中考试的前一周，我没忍住大哭了一场，我的脑子空白了，我哭得稀里哗啦的，天都塌下来了：“我什么都不会了，我不要参加考试！”那个瞬间，考试最大，我小小的身躯应对不来。我害怕，我胆怯，使出全身勇气做了一件事——痛哭流涕。在当时填鸭式教学的背景下，班主任老师提出让我洗碗，1周不用上学。我每天泪流满面地洗碗，拿出家里的大盆，大概有几十个碗，天天洗，边哭边洗，大概洗了1周吧。后来我去参加了考试，排名退后了一位，我的父亲在洗手间门口严厉地批评我："退步了！去学习！"我不敢大声地哭，我躲在洗手间里，以上厕所为由，偷偷地哭。我心里好委屈，心想：我已经很努力了，我已经尽了最大的努力了。我不敢哭出声来，因为我害怕父亲严厉的话语和眼神，我擦干了眼泪，胆战心惊地走出洗手间，回到自己的房间去学习。这段往事刻骨铭心，直到后来通过在"新教育"学习，以及日常对自己和家人的衣食住行的安排，我才明白身体上疾病的源头和得病的真正原因，掌握了提升免疫力的简单易行的方法。**我明白了任何经历都有它存在的意义，事情本身没有好坏，每次事件的发生、身体疾病的到来都是让你觉醒和成长的机缘，我们需要的是看见、接纳、调整、改变。**

在我大儿子1岁多的时候，我有幸遇到了海老师，与新教育结缘。从小父亲严厉的教育，让我内心很是敏感。可能是缺乏爱的教养吧，我爱上了新教育。在践行新教育理念的过程中，我逐渐知道了如何更好地养育孩子，孩子就是一面镜子，照亮自己。后来有缘遇到李老师，跟随李老师学习，在日常保健护理上有了一些经验，我成了护理家人的"小医生"，让家人免去了去医院排队的痛苦。在教育、医疗的小众之路上践行多年，让我认识到，任何选择不论对错，适合自己的就是最好的。

后来有缘走进徐珂老师的线下课，第一次遇见徐珂老师。两天下来，我亲眼看到、感受到场域中爱的流动，这让我与自己的潜意识做了沟通与疗愈，那种快乐的体验，感觉太棒了。从此，徐珂老师成为我生命中的又一位贵人。在2021年中秋节女性能量课课堂上，我“女汉子”、妻子保姆化、不会拒绝、流产等问题被解决。**看见即疗愈，这个看见不是眼睛的简单看见，而是自己的潜意识看见，心里真的看见它，情绪会流动，哭是很好的情绪流动。**母亲的离世对我来说是莫大的伤痛，在葬礼上我没有痛哭流涕，我假装坚强，我假装母亲在世界的另一头陪伴我，后来通过学习我才明白，那只是大脑将它封存了，但是身体会记住并留下痕迹，想妈妈的时候就在潜意识中和妈妈沟通连接，让这份情感流动起来。后来我才发现，原来现在的我有一部分是以母亲的身份在活着。难怪这么多年，我对我的先生没有称呼，结婚17年，我很难将先生的名字说出来。大家可能觉得不可思议，17年！那么生活中如何称呼？如何沟通？答案是没有称呼，直接说事情。因此，这么多年我就觉得心里堵着什么，和先生之间的关系也像隔着什么。

在理解六层次的学习中，我对“身份”“行为”重要性的认识更加清晰。我恍然大悟：原生家庭的成长经历对我来说是有伤痛的，我年轻时沉浸在伤痛中，插手父母的关系、家族的事情，因而小小的身躯承担了太多太多不该我承受的事情，加上母亲去世，自己还没走出来，我给自己附加了母亲的身份，用母亲的言行去做事，难怪我的先生很多年前对我说，“你越来越像你的母亲了”。

在过往和先生的相处之中，我很多时候看不到他主动做的事情，比如主动承担家务活和主动带娃，这个看不到不是眼睛看不到，是心灵看不到。当我重新调整给予自己“陈倩”这个身份的时候，很神奇，回到家里，再看到先生的时候，他在家里的各种劳作、言语都入了我的心。他家务活干得又快又好，带娃带得也很好，孩子们和他在一起情绪很稳定。原来我的先生也是我生命的贵人呀！一块金子就在我的身边这么多年，我却没有看见，或者说没有打开心灵去看见。我对他默默守护着我和孩子们，这么多年用他的方式爱着我们表达了感谢。这让我更早地觉醒和顿悟，让我有意识地用心去看见，去找回自己、做回自己。

亲爱的读者，生命中的每一次遇见都是最好的礼物，让我们借用 NLP 技巧之呼吸放松法和信念植入法，进行一次与自己潜意识的沟通吧。请把你的右手放在你的心脏位置，深呼吸，吸入呼出，默念：我接受我自己，我选择做我自己，我是最棒的，我接纳这一切的发生，一切都是最好的安排。此刻，你有没有感受到一丝愉悦和安定呢？期待未来可以在育儿、健康养护、重塑身心方面倾听你的故事。我在广州，随时欢迎你的到来，我们一起品尝美食，一起畅谈人生。

优化情绪，乐享生活

■ 高瑞浓

精通情绪教练

资深心力提升培训师

创业者商业教练

累计服务1000+个体转化情绪，提升商业能力，好评率98%

我之所以能够从一个农村女孩成长为培训师，得益于我调整了自己的情绪，以及对原生家庭，或者说一些不愉快的成长经历的看法。我在初入职场的时候总是忍不住就会愤怒，而且还特别敏感，也特别不自信。这种不自信会让我表现出一种伪装的傲慢，以掩饰自己的不自信。直到有一天，我开始学习优化自己的情绪，我的世界打开了另一扇门，我的人际关系发生了翻天覆地的变化。**自己整个人的状态也发生了很大的转变，从之前喜欢独来独往到现在变成“社牛”，从之前的傲慢到现在的谦卑，从之前的被动等待到现在的主动出击，从之前的敏感到现在的接纳。**

如果说成功需要具备一些能力的话，我个人认为调整自己情绪的能力是我们首先一定要具备的。我们的老祖宗说“定能生慧”，情绪会影响我们的行为，情绪会干扰我们做事的动力，也会影响我们的人际关系。情绪管理是成功的关键因素之一。我将把自己在学习过程中摸索出来的优化情绪的工具分享给你。

为了充分地享受生活，有些时候我们必须学会停止情绪的内耗。

在这件事情上，我们并不孤单。事实上世界上的每个人都是自身情绪的受害者，我们每个人都有情绪能力欠缺的问题。**我们要认识到，为什么情绪能力欠缺是这样普遍，或者说为什么如此多的人会欠缺情绪能力。**

更重要的是，我们要掌握一些简单的方法，帮我们提高情绪能力，让我们达到一种平静的情绪状态，一种乐享生活的状态。有些时候我们可能会认为我们不是情绪的受害者，这可能是因为我们对情绪能力的认识欠缺，这种局限性我们可能已经习以为常了，甚至有时候我们已经学习了很多关于管理情绪的知识，认为自己是可以管控情绪的。可是有些时候，我们又觉得自己好像受到一些阻碍，阻碍我们达到一种乐享人生的状态。

我想请大家想象一下，如果过去一切痛苦非常容易被消除，大家会觉得怎么样？

你也可以想象一下，每当我们有一个直觉的时候，我们都能够相信基于直觉做的决定。能够从所有的情绪中清晰地辨出哪些是我们的直觉、哪些是干扰，你觉得将会怎么样？

你也可以想象一下，假如你再也不会在冲动时做决定，每一次都是在平静中做决定，你觉得你会是什么样子？

你也可以想象一下，假如你的情感关系中再也没有争吵，大家都可以顺畅地沟通，彼此尊重。我们所有的人际关系都特别好，你会感觉怎么样？

请你想象一下，当我们生活中所做的每一件事都有目标和意义；当我们在做任何事的时候，都充满了热情和决心，你觉得又是怎样的场景？

上面这些我们可能会看得到。在我们的生活中，的确有一些领域是可以改善和改变的，甚至是可以重塑的。拥有如此高品质的生活是可能的！

同时，也可能有障碍，那就是情绪能力的欠缺。我希望我下面分享的关于如何调整情绪的工具能够帮助到你。

我有三个工具。**一个是动态的工具——跑步**。在跑步的过程中可以想象你最想要的情绪状态是什么，然后你可以从起点到终点画一条线，从1分到10分给这条线划分分值。

你从1分开始跑。假如说你最想要的一个状态是在关系中得到一种平静，我们就从起点1分开始，你可以站在那里感受一下。当你跑到3分的状态时，你的身体会感受到什么？你的想法是什么？你的思维会发生什么样的转变？

在3分的状态停留一会儿再继续往前跑，跑到7分和8分的时候再次感受你的状态，当你跑到8分状态的时候，你的平静会给你什么样的提醒？在这里你的身体是什么感受？在这里你会做些什么？当你跑到10分状态时，你又是一种什么感受？你又可以做些什么？你的决定是什么？你整个人的内在感受是什么？你可以去尝试，在跑步的过程中，用这样一条情绪状态调控线来调整自己的状态。

同时，情绪有两个重要点：一个是情绪的能量场，另一个是内容。

首先，我们要清楚情绪的本质是什么。情绪，我们可以称之为感受，在感受的背后，你的想法是什么？我们可以改变自己的想法。这个想法的背后是你的需求——是某种期待没有得到满足从而让你有了情绪。其次，我们要意识到我们的情绪。最后，有时候我们要接纳自己的情绪。情绪自身没有好坏，它只是我们的某些意愿或者说期待没有得到满足而产生的一种能量场域变化的过程！当我们能够看到情绪，也就是改变的开始。

看见就是改变的开始。

刚刚给大家分享的是一个动态工具，接下来我们再分享一个静态工具，这是你可以随时随地去做的一个情绪优化的技巧。**我给它起了一个名字，叫"三个圈"。**

这"三个圈"分别是：感受、想法、行为。

刚开始用这个工具时，我们可以先在自己的一个本子上画上三个圈，分别写上：这件事情我的感受是什么？这件事情我的想法是什么？这件事情我的行为是什么？

我们可以通过改变这三个圈中的任何一个圈来改变自己的情绪状态。给大家举一个例子。

我们先从"感受"这里开始，将你最近的情绪感受写下来。如果不知道情绪是什么，可以搜一下形容情绪的词语，如愤怒、生气、焦虑、平静等等，这些都是形容情绪的词语。

当我们做完这一步后，你就来到下一个圈——我的想法是什么？可能是因为对方太过分，你的想法没有得到尊重。

最后来到第三个圈——我的行为是什么？你的行为可能是离开或者是躲避，这些都是有可能的。

当你写下三个圈的状态后，我们来看改变的步骤。

问问自己：在这个情境里面，你有没有意愿去改变？有的话，你想要的情绪状态是什么？

结合我刚刚给大家分享的情绪状态线调控，你可以把这条状态线画到跑步的一条好几公里长的跑道上，也可以在屋子里面，画一条只有一米长或者两米长的线。

把你从情绪状态调控线里得到的想法、感受、行动策略写在你第二次新画的三个圈里。

一般情况下，你新画的三个圈里会有新的变化，你对自己正在面对的问题一定会有新的视角。

我希望这些工具能够帮到你。这也是我在不断调整自己情绪的过程中摸索出来的比较好的工具，分享给你。

接受各种可能。当我们了解到周围所发生的一些事情实际上只是一些情境的时候，如果我们能够接纳这些情境，我们可能会惊讶于在这个世界上，我们是有很多选择的。这些选择可能来自我们的想法、感受，或者是行为的改变，这些改变都是紧密相连的，如果你改变其中一个，其他的也都会改变。

尽管实际上我们的想法会让我们不相信这一点，但这一切都可以在不使用任何其他特殊手段的情况下，让我们达到一种平静的状态。有些时候我们也可以做一些探索，或许你的梦想里，一直藏着一个不为人知的愿望，而现在是时候去探索了。你也可以列出一份清单来鼓励自己。

我们可以追求自己的梦想，与那些了解并支持你的人在一起，一定要保持与家人的沟通，随时随地准备迎接一些意外，因为事情不会总是如我们所想的一样发生，同时也要欢迎一些“不速之客”的挑战。这样会让我们感觉好，感觉好才能做得好。

生活是一个循环，结局很少是终点。

在这个不确定的社会大环境中，你自身的存在本来就是一种最大的确定。

我真诚地祝福你，我的朋友，好好享受你的生命，认真过你的生活。

有些时候我们也可以做一些探索，或许你的梦想里，一直藏着一个不为人知的愿望，而现在是时候去探索了。

重塑身心

我的人生三大改变

■ 纪色斐

系统动力派 NLP 执行师

家庭系统整合师

徐珂老师嫡传弟子

女性能量课程授权导师

DISC 授权讲师

曾经的我，做事优柔寡断、纠结，在公众场合发言会紧张，身在福中却不知福，心里总有很多不满和抱怨。接触李中莹老师和徐珂老师的神经语言程序学（NLP）以后，现在的我有了三大改变：做事不再纠结、不再犹豫不决，公众场合说话不再紧张，拥有了一个幸福的家庭与人生。

从曾经的做事犹豫不决，到现在的笃定前行

以前的我，做事拖拉、犹豫不决。在买东西的时候，也会有选择困难症。一旦涉及要做选择的时候就会纠结。不管大事小事都会很纠结，大到工作的选择，小到日常的买东西。以前家里买家具，不管是床、沙发还是餐桌椅，我都要花几个月时间进行挑选。最后发现，买回来的家具，基本都是几个月前第一次看家具的时候就看中了的，但后面我还是会花很多时间去挑选，也就是说后面的大部分时间都是在浪费。后来学了 NLP 重塑心灵以后，我发现自

己的这种行为背后是有一定的心理需求的。因为我凡事都追求完美，做事情、买东西都害怕出错买错，不能接受出错或者买错所带来的不好的后果。

面对工作，更是纠结。曾经在女儿1岁左右的时候，我就有辞职回家带娃的想法，但是一直下不了决心。当时就是觉得自己的工作稳定，不用出差，可以兼顾家庭。只要每天坚持上班，就可以一直上到退休。想着还有15年就可以退休了，退休以后就能有一份稳定的退休金养老。所以，我就日复一日地去上班。但上班要面对工作的各种琐事和压力，我觉得很累很纠结；回家要面对照顾女儿各种吃喝拉撒的生活琐事，我又会焦虑不安。就这样，我每天都在紧张纠结与焦虑中度过。

即使每天都在紧张纠结与焦虑中度过，我还是在坚持。直到2022年的一天，家里人有事不能来帮忙接送带娃了。我准备找其他亲戚来帮忙接送带娃，当时我正在学习NLP重塑心灵的课程，NLP的12条前提假设中的“凡事必有至少三种解决方法”“值得做的都值得做好，值得做好的，都值得做开心”让我开阔了思路。然后我开始想，我上班这么纠结焦虑，为什么还在坚持？我为之坚持的信念价值观又是什么？NLP的信念系统和自我价值，让我看到自己内心的心理需求。**我想要的未来与价值是我想拥有一个幸福的家庭，我想多点时间照顾家庭、陪伴孩子成长，我想让生活变得更轻松快乐一点。**如果我辞职，不用朝九晚五地上下班，回到更需要我的地方，我就可以有更多的时间照顾家庭，照顾好自己和老公、孩子，就可以让生活变得轻松快乐。然后，我用了 3 天时间做出了一个纠结了 5 年的决定——辞职，自己回家带娃，而且还是“裸辞”，毫不犹豫地离开了自己工作 24 年的单位。

现在的我，不管是大事小事的决定，还是买东西的选择，都不再像以前那样纠结、内耗、浪费时间，在生活中随时运用 NLP 的 12 条前提假设，还有 NLP 的技巧（目标管理法、二者兼得法、价值定位法等），做事情会更有目标和条理，内心会更坚定，生活也会因此而更轻松快乐。**只要是选择做的事情，我都会去做好，并且做开心。**

从公众场合发言紧张，到现在上台淡定自如

以前，我在私下场合和领导同事沟通的时候，说话没问题，但一到正式场合，说话就会紧张。每次正式场合发言，例如部门员工工作总结发言或者竞岗演讲答辩等，都会紧张。发言的时候心里总想着要在所有人面前表现出最好的那一面，甚至想通过发言的机会给领导同事留下好印象。结果每次越是想表现优秀，就越是紧张、措辞混乱。领导鼓励我，教我如何更好地去表达和表现，还教我演讲的方法，包括对着镜子练习讲话等，但自己还是没能做到在公众场合说话不紧张。后来在管理部门工作，很多组织活动和

项目验收需要主持发言，我每次都会一句话带过，或者直接让领导自己开场主持。曾经在将近100人的同学会上，我作为总策划，却放弃上台主持发言，就因为担心自己说不好，影响自己在老师同学们心目中的好印象。后来我发现，自己的紧张是有选择性的紧张，因为我在200多人的同乡会上敢当主持人。当时我的想法是，同乡聚会并非正式场合，是边聊天边看表演边吃吃喝喝的一场聚会，而且参加聚会的人都让我感觉特别亲切，所以自己可以轻松随意得就像跟大家聊天一样来主持发言。

后来经过徐珂老师重塑身心课程的训练和引导，我才知道自己发言紧张是因为自己在公众场合发言的时候，都会先给听众进行身份定位，当把对面听众的身份定位为师长、权威的时候，自己就会给自己制造压力，不允许自己出错，想要表现得完美优秀。心理一旦处于紧张有压力的状态，大脑就会"宕机"，然后在组织语言的时候就会出现紧张、思路混乱、表达不顺畅等问题。

后来在徐珂老师的引导下，我突破自己内心的限制性信念(把听众都当成是自己的好朋友，而非师长、权威，自己的身份是和对方一样平等的)，运用NLP技巧(洒金粉法、和谐气泡法等)。现在每次在公众场合发言的时候，我先在潜意识里跟自己沟通，学习徐珂老师讲课时的那份自信和侃侃而谈，学习师姐师妹讲课时的淡定自如。**想到什么就说什么，说错了也没关系，允许自己犯错和不完美**。现在不管是在中莹空中学堂直播连麦，还是在珂学堂的课堂上，我都能够做到上台不紧张，说话淡定自如。

从把幸福寄托在别人身上，到现在我的人生幸福我做主

以前工作的时候，我总觉得自己的付出好像得不到满意的回报。花很多时间在工作上，但是得不到领导的肯定；回到家中，又把工作中的不顺心发泄到老公身上。对身边的家人为我做的事情视而不见，甚至不满和抱怨，总觉得自己是个委屈的小孩，受伤痛苦的总是自己。工作上，只要领导肯定我了，我就开心；在家里，只要老公说我是个好妻子，父母说我是个好女儿，家公家婆说我是个好媳妇，我就开心。我不能接受别人对我的批评和不满，所以每次当工作中领导对我的工作有不满的时候，当家里人说我的时候，我都会觉得委屈。

直到学习了 NLP 重塑心灵，我才豁然开朗，找到了自己人生的幸福。NLP 的 12 条前提假设的最后一条就是“每个人都拥有让自己的人生成功快乐的责任和权利”。这一条对我触动非常大。曾经的我总把自己的幸福寄托在别人身上，所以即使自己身在福中都不知福。**幸福，其实就是一种感觉。当我能够为自己所选择的人、事、物坚定信念笃定前行，那我就是幸福的。**当别人为我做了任何一件事情，我能够心怀感恩，那我就是幸福的。当我能够发现

自己所做的事情都是值得做的，值得做的都值得去做好，值得去做好的都值得开心，那我就是幸福的。

现在的我对自己的生活状态挺满意。自己能够有更多的时间陪伴家人，女儿在学习成长的路上一天比一天开心快乐。老公虽然工作很忙很累，但我会给他更多的支持和理解，让他回到家里能够感受到轻松快乐。现在我虽然身为家庭主妇，但是我没有放弃学习，没有与社会脱节。跟着徐珂老师学习了很多课程知识，当我用心认真、带着兴趣去学的时候，我发现学习效果非常好。现在，我还会因为状态好、学习成长进步快而经常得到徐珂老师的肯定和表扬。可以说，我现在是徐珂老师珂学堂的三好学生。徐珂老师也经常会拿我的例子来去引导其他想要生活轻松、家庭幸福的人。我认为这是自助助人，也让我看到了自己的价值所在。**当我自己状态足够好，能够给家庭带来爱与温暖，自己、老公和孩子就能够轻松快乐地工作、学习、生活，我认为这就是成功快乐，这就是开心幸福。**这也是很多家庭所需要的。每个人都拥有让自己的人生成功快乐的责任与权利，所以我的人生由我掌握，我的人生幸福我做主。

每个人都拥有让自己的人生成功快乐的责任与权利，所以我的人生由我掌握，我的人生幸福我做主。

重塑身心

我要为自己而活

■ 金姿言

当当网畅销书《身心减负》合著作者

20 年资深钢琴老师

中国音乐学院考级评委

国内首位把心理学带入钢琴教学的老师

DISC 版权课授权讲师

NLP 专业执行师

服务 300+家庭，擅长解决各类育儿问题

听到“重塑身心”这四个字，不知道大家想到了什么。当我听到这四个字的时候，我回想了一下我的人生，感觉有很多次的重塑。但是那些重塑的结果可能都与自己无关，甚至在重塑的过程中都不一定是我想要的样子。直到有了孩子，学习心理学之后，我才发现之前看似叛逆的我，其实一直在做一个乖乖女。可到最后不论自己怎么做，都不是父母想要的样子。与其这样，不如活好自己，毕竟那个时候我不光是父母的女儿，还是老公的妻子和孩子的妈妈，包括我是我自己。这时，我才开始慢慢地、真正地重塑我自己。**尤其是在36岁那一年，因为一些事情的发生，我告诉自己，要为自己而活。**

其实在最开始做自己的时候，内心还是会觉得恐惧、害怕，因为我要跟之前那个不喜欢的人生去对抗。例如过年定好了要带孩子出去玩，但父母希望我能早一点回到家中，跟他们一起走亲戚拜年。要是像往常，我肯定会说服老公跟我一起提前回家，按照父母的想法，一起去走亲戚拜年。但在那一年，我对自己说，我是一个妈妈，我要为自己在孩子面前说过的话负责任，既然答应孩子要带他出去玩，那就一定要带他玩之后再去做父母希望我做的事情。

在这个过程中我内心无比的忐忑，还是会问自己要不要想一想，等我静下来好好想了之后，我做了决定，拒绝了父母的要求，按照自己的想法去做，带孩子出去玩。这除了有一份责任在里面之外，也是我自己想要的生活，就按自己的想法去做，看看到底会发生什么。虽然当时父母是不高兴的，可我按照自己的想法做完之后，发现并没有耽误走亲戚拜年，心里也就渐渐踏实了。

有了第一次的经验之后，后面对于做自己才慢慢有了更多的感悟。一直到2021年遇到徐珂老师帮我做了个案，我才发现两年过去了，我依然没有从自己的原生家庭中走出来。看似我已经有了自己的家庭，其实心还在自己的原生家庭里，这导致我的现有家庭出现了一些小小的问题。当我发现这些问题之后我开始调整自己，告诉自己什么对于当时的我来说是最重要的。**在这个过程中，我把重心放在了自己的家庭上，做了很多在父母眼中比较叛逆的事情。但我很清楚，我做的这一切是为了什么。**

起初我学习的目的是帮助孩子成长。可在学习的路上，我发现想要帮助孩子，首先得做好自己。所以我调整了自己的目标，把帮助孩子的目标转变为做自己，在不断做自己的过程中，我发现自己学得还不太够，于是我又去学了神经语言程序学，也就是我们经常在市面上听到的NLP这个课程。学完之后，我发现了我之前做的一些事情会让自己难受、会让家人不舒服的原因——其实都跟自己的一些信念有关。**我们不能用旧的信念来过现在的生活。**虽然我们是父母的孩子、老公的妻子、孩子的妈妈，甚至还有很多很多身份，但是我们要看到这样一个事实，就是我们跟他们不一样，我们可以是我们自己，而且是世界上唯一的自己。我们只有做好自己，才能给孩子做榜样。

当我知道了信念的冲突往往不太容易被我们觉察到这样一个事实后，我再跟家人意见不合时，我都会问问自己：在这件事中，家人的信念可能是什么？我的信念又是什么？然后跟他们做进一步沟通。确认了彼此的信念之后，其实矛盾也就不存在了。这个时候，再来按自己的想法去做一些事情，就会发现比之前自己以为的要轻松很多。

不论我们在哪种关系中，我们都想按自己的想法来行事。这是没有问题的。如果我们把事情的重点放在解决问题上，而不是放在“听谁的”问题上，就会减少很多的矛盾，毕竟凡事至少有三种以上解决方法。**我们只有通过跟对方不断地沟通，凡事都照顾到“三赢”，便可以达到一个最好的结果。**但往往在沟通中我们会忽视所要处理的事情，开始去跟对方讲一些所谓的大道理。可最终的结果呢？不一定如我们所愿，可能得到的是对方的指责和抱怨，我相信这一定不是我们想要的。所以还有一句话我很喜欢，叫“越过对错看效果与意义”。于是，当我与家人意见不合时，我会放下“听谁的就是对的”的想法，先去尝试按自己的想法做。如果行不通，再按家人的想法去做。如果都行不通，再去尝试其他办法，看看哪个效果更好。久而久之，我发现自己伤心、愤怒、难过、委屈的情绪在慢慢地减少。

不得不说NLP这个课程真的给我带来了很多的变化，也在我做自己的这条路上，赋予了我很多的能量。因为在这个课程里，很多工具就像一面镜子，照见了之前我总是让自己难受的很多地方。

除了在信念方面进行调整，我还在沟通方面进行了调整，我觉察到我会习惯性地用在原生家庭中学到的沟通方式进行沟通。其实那些沟通方式带给我的不一定是我想要的结果。学了这个课之后，我了解到沟通的效果取决于对方的回应。我会刻意改变自己之前比较硬气的沟通方式，更多地去看沟通的效果。以前沟通没有效果的时候，我大多会选择不再沟通，而且还留下一句“都交给时间去解决吧”，自己转身就走。**现在我如果遇到沟通没效果的情况，我会调整自己说话的语气语调，先倾听对方要说的内容。根据对方说的内容，再来讲我要讲的话。**如果我们只是讲我们自己想讲的而没有去听对方说的，那么很有可能我们讲了半天，都是两条无法相交的平行线。后面我们还会觉得对方听不懂自己讲话，或者不理解自己。随着沟通方式的调整，我从心里觉得轻松了很多，沟通一次不行，或者说一种方法不行，我们就换一种方式沟通，在沟通的过程中，还要不停地跟对方确认其所说的和我所理解的是否一样，可能这样的沟通，时间会长一些，但效果会更好，这才是我想要的结果。

在沟通的过程中，还有两点是最让我受益的。**一个是要分清自己的事、别人的事及老天的事。**如果是自己的事，我会在听取他人意见的同时以自己的意见为主，先去尝试，不会因为听取了别人的意见做出了错误的选择，就把这件事的责任推给别人。如果是别人的事，就尽量听别人说，我会从我的角度给出一些建议。他愿意接受也好，不愿意接受也罢，毕竟那是他的事情，我会尊重他的选择。如果我们聊的是老天的事，比如水灾、地震，我们说彼此的感受、彼此的观点就好，因为这个事情是我们任何人都改变不了的。在沟通中，能把这些事情分清楚，烦恼自然就会少很多。

我们的一些烦恼往往是没有把事情分清楚导致的。当我们把事情分清楚之后，我们就会发现自己之前做的很多事情，很有可能都不是在为自己而做，而是在为他人而做，做了之后没有达到他人想要的效果时，我们会自责。这样其实不是别人伤害了我们，而是我们伤害了我们自己。

还有一个是当我们跟对方沟通时，我们对自己要有一个很清晰的身份定位，要知道在沟通的过程中，自己是谁。其实这个跟前面说的三件事也是有关系的，比如，我在跟父母说话，那我就是他们的孩子。当父母向我求助的时候，我可以给父母一些建议和意见，但不是非要他们听我的，因为父母是长辈，我是晚辈。父母经历的一些事情是我们没有经历过的，可能我们会觉得自己的想法是正确的，但这些想法不一定就合他们的意愿。如果我们非要让父母按我们的想法去做，想去管他们，我们就忘记了我们自身的“孩子”身份。再者，那是父母的事情，我们尊重父母的选择就好，哪怕他们按他们选择的方式做了之后没有效果，我们再跟他们一起想办法也是可以的。如果父母不听我们的，我们就生气，父母也会生气，沟通就没有起到效果。

不论和谁沟通，我经常会发现，有时候就是因为身份的混乱，导致沟通的效果大打折扣。在这个时候，彼此都不是那么舒服，说不定会以一种大家都不愿意看到的方式结束沟通。在这时，我们要多一分觉察，觉察到之后，可以做收回、交换、投射的练习，当我做了收回、交换、投射的练习之后，会清晰地认识到自己在对方面前到底是谁，会发现不但沟通顺畅了很多，负面的情绪也减少了很多，自己的身心都跟着轻松起来。

说实话，我重塑自己身心的整个过程，一大半的功劳都来自神经语言程序学这个课程，它不光让我的大脑更新了许多认知，也教会了我很多生活中就能用到的方法。整体来说，这个课程真的教给了我很多很多的东西，也让我有了很多改变。更多的变化，要说起来可能在这里说上三天三夜都说不完。但通过我身边的朋友、家人给我的反馈，我非常清楚地知道，我跟之前的自己不一样了，现在我不但可以勇敢地做自己，还提升了很多平衡各种关系的能力，所以我因 NLP 而受益。我希望我可以把这个好学问分享给身边更多的朋友和伙伴，让大家都可以在做自己的同时，做到李中莹老师说的那样，**每个人都能够拥有轻松、快乐、成功的人生。**

不论和谁沟通，我经常会发现，有时候就是因为身份的混乱，导致沟通的效果大打折扣。

第二章

为蜕变而战

人生从此开始不同

■ 李玉

六神个案工作坊授权导师

NLP 执行师

突破式沟通课程讲师

幸福家庭种子师资公益高级讲师

从事幼儿教育 30 年

累计服务 500 个家庭，举行讲座 100 场次

2017年10月，我第一次进入NLP的课堂，于是乎这个平凡的10月变得意义非凡，从此我开始探索自己，重塑人生。记得来时带着一地鸡毛的生活，希望能够通过学习NLP课程让自己的人生变得轻松、满足、成功、快乐，希望可以通过一次课程，马上变成自己想要的状态。结果不言而喻：世界上哪有立竿见影的灵药？上课时激动万分，我要改变，回到生活环境激动半个月，生活似乎又回到了原点。这样说来，这课程也不怎么样，但我的内在却悄悄在变化。

张德芬老师说的“亲爱的，外面没有别人”，我原觉得这句话说得瘆人：本来就只有自己，难道有鬼出没、有灵魂出窍？学习了课程，我才明白，**我们每个人都有着丰富的内心世界，生活的一地鸡毛，大部分都是这个丰富的内心世界的“我”没有得到满足、滋养，才跳出来让我看见，让我重视，让我发现独一无二、亮闪闪的自己。**对于NLP十二条前提假设中的一条——一个人不能改变另一个人，我开始是不认同的。我们所有人，难道不是通过别人来改变的吗？不是通过老师上课，学习到新知识的吗？不是通过阅读图书，学习先贤们的经验，使我们进步、使我们改变，变成我们想要成为的人的吗？这不是一个人去改变另一个人吗？我有义务去改变孩子、改变先生，甚至改变父母。如果不去改变他们，那是对他们不负责任。任由孩子学习不好，不去管她，未来她会成为什么样的人，简直不敢想。不去改变老公，任由他不健康的生活方式影响他，那以后谁陪着我白头到老？不去改变父母，任由他们吵得不可开交，影响夫妻感情吗？这一地鸡毛就来了，女儿说："你给我的就是我想要的吗？"先生天天在手机的世界里遨游；父母直接把我推到"法官"的位置，家里有个大事小情都找我来评理。看来，我真没有能力改变他人。课堂上老师说："一个人不能改变另一个人，但可以做一些事情，使对方想改变。如果对方还是不改变，那我们就坦然接受。"这时的我，开始觉察自己，我为女儿的未来担心，为先生的健康担心，我满是恐惧，我的大脑里不断呈现出灾难片，与其自己吓唬自己，还不如活在当下，反正未来还没来。同时，我也惊喜地发现，**当放下改变他人的心，再看原想改变的对象时，也没有那么着急想改变他们了。**但在修行的路上还是会不断地出现阻力、出现陷阱，我经常能感知到内在有两股力量在打架，胜负之事常有，当又掉进陷阱时，我会用 NLP 的时间线法，调整自己，把自己从过去拉回来，面向未来看。**过去的事情已经发生了，已是过去时，已无法改变，那不如放下，看向未来，想想我想要什么，而不是在后悔、自责、懊恼中消耗自己的能量。**特别是女儿高三下学期这半年，对于我和女儿都是修炼的过程。我想要改变她，不接受她现在的状态，担心她高考成绩不好，冲突自然就来了，这时我心中马上默念“一个人不能改变另一个人”，再长长地吸一口气，不行就口里念经，不断重复，回归正念。有时冲突已经发生，已成事实，我就马上调整自己，不再内耗，向女儿道歉，尊重她的想法。现在我还记得她说：“你是将你的恐惧强加给我。”我说：“是的，妈妈向你道歉，我是将自己的恐惧甩给你了。”同时我也告诉自己，我不是完美的妈妈，我是走在成长路上的妈妈，我比一般妈妈强多了，至少我有觉悟，有错就改，于是一次次冲突被化解。真心感谢 NLP 课程的陪伴。**尽管一次次被打回原形，我还是可以一次次重新开始，并总结经验，再次提升自我。**

想知道情绪为何物，这也是我进入 NLP 课程学习的动力之一，记得以前我经常被自己的情绪控制，或喜欢用情绪控制别人。抱怨似乎是我的常态：抱怨孩子，抱怨老公。抱怨并没有帮助我解决生活中的问题，而是让我觉得自己怎么这么命苦，遇不到像某某家学习成绩那么好的孩子，遇不到像某某家那么体贴浪漫的老公！老师课上的一席话点醒了我，别人家的孩子、别人家的老公都是别人家的，与你有什么关系？又不能搬到你们家来，又何苦长别人的威风、灭自己的志气呢？更何况孩子是我亲生的，老公是我自己选的。对啊！老给别人家的孩子、老公打免费的广告、点赞，对自己没有任何好处啊！还弄得亲子关系和亲密关系都不好，这亏本的买卖不能干了！那原因何在？如何调整呢？我要了解抱怨的情绪是怎么来的，背后有什么目的，我迫切地去寻找自己想要的答案，于是发现了 NLP 十二条前提假设的第九条——动机和情绪不会错，只是行为没效果而已。我似乎找到了我想要的答案。我抱怨的动机是没有错的，因为我想让我的生活更幸福。以前有种种抱怨，是因为我认为是人和事让自己抱怨，比如，孩子考试成绩不好，我就抱怨孩子上课不认真、学习不刻苦、自己不努力等等，但实际上不是这件事引起我的情绪，而是我内在有个信念认为，考试要考前 10 名才是学习好，成绩好才是好孩子，孩子必须好好学习，教育出成绩好的孩子，我才是成功的妈妈，等等。记得女儿小学有一次考试，女儿告诉我数学考了 72 分，我瞬间情绪就炸了——这以后怎么办？于是我该说的狠话都说了。女儿叹了口气说："我们班第一名 75 分。"我瞬间情绪就变了，心中无比喜悦，我们家孩子真厉害！原来真不是孩子考试这件事引起我的情绪，是我内在的想法产生两种情绪，情绪只是我内在想法的外显。当了解了情绪是怎么产生的，真感觉像发现了新大陆一样。**每产生一种情绪，我就想，原来我是这个想法，这时这种情绪很快就消失了。**情绪只是传递信息，我接收了，它就走了。我能做情绪的主人，我可以不断发现自己一些局限性的想法，比如：成绩好真的就是好孩子吗？如果只是成绩好，心理不好、品德不好、身体不好，那孩子以后到社会上去能立足吗？

当把视角拉到未来时，我发现眼前的这些事都不是事。让孩子学习好，是孩子的需求，还是我的需求？似乎我只是通过孩子去实现我没有实现的愿望而已！以获得别人对我的肯定、赞赏，夸我教育孩子很成功。当我厘清自己的情绪时，我学会了与情绪好好相处，明白情绪都是带着使命而来的。**不论是正面还是负面的情绪，它们本身都没有好坏、对错，只是我的抱怨、指责等行为没有效果啊！**这说明这些行为和方法不可行，我需要在行为和语言上加以改变，当我们找到了原因，接纳自己的情绪，不再用语言伤人，情绪爆发的次数就会减少。

正如NLP的授课老师们所说："NLP十二条前提假设，只要你在生活中用起来，就值上百万。"是的，当它让我们的生活变得轻松、满足、成功、快乐时，其价值可能是金钱无法衡量的。它已经开始重塑我们的人生，让我们一起走在重塑人生的路上吧！

当我厘清自己的情绪时，我学会了与情绪好好相处，明白情绪都是带着使命而来的。

我的蜕变之路

■ 立云

NLP 执行师

DISC 授权讲师

青少年心理健康辅导员

提供家庭教育咨询服务，累计服务 200 多个青少年及其家庭

我的前半生顺风顺水，在小城里生活，母亲善良勤劳，家庭就是她人生的全部。母亲在生活上把一家人照顾得很好，学业上，父母没有给我压力，学校里我的小伙伴也很多，青春期没有和父母发生冲突，我在学校里偶尔做了出格的事，也仅限于被老师当场批评。我就是一个乖乖女，从大人们口中我听到表扬我的话就是：从不让他们操心，从不惹事，读书没有请过家长，在家里也是大人说什么就是什么，最乖巧的就是我了。我压抑自己的真实需求和想法来迎合家人的期望。我认为只有做一个乖巧的小孩，我才能让家人喜欢，才能被家人接纳。**在成长的过程中我也抗争过，也对家人有过期待，但抗争是失败的，期待都是落空的。**

上初中离家远，同学们都骑上了自行车，我也幻想自己能有一辆红色的自行车，在秋天落满树叶的车道上，和几个好友一起骑车嬉笑。几次向爸爸讲我想要一辆红色自行车，可每次他都说我个子小，骑车不安全，乖巧的我就没有再提。直到上了高中，一天回到家，家门口放着一辆黑色的飞鸽自行车，爸爸说那是买给我的车，上高中了就可以骑车了。可是这不是我想要的车呀，没有人问过我想要的是什么样的车，我有什么需求。我很失望。可是乖巧的我还是接受了那辆我一点都不喜欢的黑色的车。我没有珍惜过这辆车，在陪伴我六年后的某一天，它突然不见了，怎么不见的我也不知道。

高中三年结束，高考的失利让我没能实现去外面的城市读大学的心愿，家里人不让我复读，给我选了学校和专业。在这个五线小城的大学里，我看不起学校，学校硬件水平太差；看不起自己，因为成绩烂，所以不得不在这样的学校读书；看不起老师讲课，市面上都有 Windows 95 操作系统了，课堂里还在讲 DOS 操作系统。在学校第一学期期中高数考试考出历史最差成绩后，我大哭了一场，在宿舍里和舍友们彻夜长谈，我们谈梦想、谈未来、谈自己想过的生活。经过一番激烈的思想斗争后，我鼓起勇气跟家人郑重提出：我要复读！家里人严阵以待，对我轮番轰炸，讲就业形势难，讲高三学习难，讲大人不容易，讲一个小姑娘应该分配到事业单位工作，一生安安稳稳的。我从小一直乖巧，不应该上大学了还淘气，好好回去读书，毕业后国家包分配稳稳当当有个铁饭碗。因为我的乖巧，我又回去上学了，抱着不努力、不斗争、不出彩的人生态度，我顺利拿到了毕业证，顺利分配了工作，开始了一眼看得到头的人生。

敷衍着过日子，总归是要被日子敷衍的，浑浑噩噩地过了二十多年后，我还是被生活结结实实地教训了。四十岁那年是我人生最迷茫、最无助、最低谷的时候，内心一直有个声音在问：我是谁？

我为什么活着？我的人生有什么意义？为了寻找答案，我开始向外求，听教授大家讲阳明心学、《道德经》《金刚经》等等，也开始接触心理学，听老师们的线上课和线下课。2022 年初上李中莹老师的线上 NLP 执行师课程，徐珂老师在社群答疑，带领大家学习打卡。在社群里，通过与徐珂老师的互动答疑，我开始认识自己，开始了解我的性格形成的原因，我要用怎样的方式来应对我的人生，我要怎样才能让自己活得开心、成功，而不是像个受害者。通过徐珂老师的引领，我学习的理论知识与我的现实生活产生了关联，我可以把学到的心理学相关知识在生活中运用，帮助到我的人生。

我开始尝试与自己的潜意识沟通，每天都会站在镜子前洗脸，可是从没有认真地看过镜子里自己的眼睛。当自己与自己对视时，我看到了慌乱、不安与害怕。我对镜子里的自己说："你好，我是立云，很高兴认识你。"可还没说完，我就哭了出来。几十年来，我都没把自己放在心上，没有关注过自己，没有珍惜自己，像对待那辆黑色自行车一样，不知道什么时候就把自己弄丢了。还好，经由 NLP 我看到我把自己弄丢了。

在慢慢寻找自我的路上，我开始向内求。一个人的成长是受原生家庭影响的，我想知道是怎样的环境造就了今天的我，我不是想把自己的问题甩锅给父母，而是想知道自己对人、事、物的应对模式是怎样形成的。以前不起作用的应对模式需要改一改，我想学习用有效的方法来应对人、事、物，并获得效果。

以前经历的一些不好的事，具体的事我们可能会不记得，但是那些事所导致的负面情绪会留在我们身体里。明明当下经历的是开心的事，但是心里总是轻松不下来，像有石头压着，心沉沉的，快乐不起来，我经常会有这样的感受。NLP里有一个技巧让我释放负面情绪，那就是情绪释放技巧EP法。只要轻敲眉心、眼侧、眼下、人中、口下、锁骨下侧几个地方，并用一个提示语来描述情绪，就可以把负面情绪释放掉，其间会伴随流泪、打哈欠、打嗝，身体会有酸麻、胀痛等感觉。我每天轻敲半个小时，做了两个月之后，我明显地感觉自己开心轻松的时候多了，笑的时候也多了，朋友们说我的变化很大。

从小我最擅长的就是把自己放在最不显眼的位置，最喜欢玩的就是透明人的游戏。不敢站在聚光灯下，做事经常会感觉力量不足，对自己不公平的事也是委屈地接受，害怕面对冲突。NLP里的借历代父母力量法给了我很大的力量，当感受父母、父母的父母、父母的父母的父母的爱，感受他们把生命传承给我，我接收到他们的力量，全身有热流通过，我会觉得我不是一个人在战斗，我身后有那么多代的祖先支持我、挺我、爱我，我要活出生命的力量！

经过两年的学习，以前看待事情只有正反两面的我，尝试着从多角度、多维度去看问题，我学会了理解与包容；分清三件事——自己的事自己尽力去做，他人的事我们必须尊重，老天的事要臣服，我学会了分清界限；凡事做到“三赢”（我好、你好、世界好）就不会有不良后果，我学会了不要委屈自己，不能伤害别人和系统；凡是值得做的事，都值得做好，做得开心，我学会了热爱；每个人都有让自己成功快乐的权利与责任，我明白了本自具足，学会尊重生命成长的规律。这个过程，就像一只蝴蝶破茧而出，舞动着翅膀，在疼痛中找到新生，在挣扎中找到光亮。我开始对自己有了新的理解，对自己有了新的认同。**我看到了自己的潜力，我体验到了自我的力量**。

现在的我也不完美，生活中还是会遇到棘手的问题，也会碰到不同频的人，会有不好的关系，偶尔也想把自己藏在角落里，玩透明人的游戏，但这不就是真实的我吗？有棘手的问题，我不会选择逃避，而是面对，处理不了就承担后果；对不同频的人不是选择将就，而是减少在一起的时间；如果一段好的关系是通过我的委曲求全来维系的，那我有权表达我的愤怒；当自己想玩透明人游戏的时候，就抱抱那个小时候害怕的自己，好好爱自己。

我用我的生命来经历，用生命来实践，我在自助的路上也尝试帮助更多的人。二十多年教育管理工作的经验积累，让我在家庭教育领域的助人工作有了自己的特色。由此，我将我自己的故事记录下来，不为别的，只为证明我曾存在、我曾疼痛、我曾热爱、我曾拥有。

希望你和我一样，找回自己，找回感动人心的力量，找回生活的颜色，成为塑造自己命运的主人，成为自己的英雄，成为你想成为的那个自己。

希望你和我一样，找回自己，找回感动人心的力量，找回生活的颜色，成为塑造自己命运的主人，成为自己的英雄，成为你想成为的那个自己。

重塑身心

继续前行，成为更好的婚姻咨询导师

■ 孟海燕

心理咨询师

高级婚恋情感导师

NLP 执行师

首先，我想跟大家说的是：**我是一个幸运的人！**

我出生在农村一个很普通的家庭，当我一步一步走过来，我觉得非常幸运的是我遇到了我生命中的很多贵人，我很幸运选择了一条真正活出自我的路，一直走到今天，让我活得越来越有价值感，越来越喜悦和富足。

很开心通过接下来的这些文字与你相识，无论你在哪里。

10 年前，我受好友邀请，入职一家婚介平台，于是我就多了一个标签——媒婆，叫得好听点是“红娘”。我想起那个时候遭到身边很多人的冷嘲热讽，我甚至跟几个朋友直接不往来，他们要么是反对我做这个看起来没有任何技术含量的事，要么是嘲笑我还能给人家牵线搭桥，还有人认为我是在做一件忽悠人的事。当然，我知道那时候给人家介绍对象，市场上确实有很多不正规的做法，但我偏偏喜欢这项工作。

当我真正进入婚介这个行业之后，每天面对不同的单身男女，未婚的、离婚的、条件各种各样的、性格各异的。在与每一位单身男女的交流过程中去了解他们，了解他们的想法和需求，了解他们为何而来。于是我发现了这些人身上都带着他们的经历，有他们的成长故事和情感故事,所以各有各的认知和追求。无论是条件一般还是条件好的,无论是未婚单身的还是离异单身的,他们的情感需求都是需要我去帮助的,而我就在做那个“垃圾桶”,每天装满各种吐槽。我会苦口婆心地去说服他们,总想让他们看到自己的不足之处。

我一开始最常说的话是:“你需要多找找自己的问题……”实际上,但凡来找我们的单身男女,都是来满足自己的需求的。比如:因为征婚者个子矮,所以要找个子高的;因为征婚者从小家里穷,所以要找有钱人;因为征婚者收入高,所以要找的对象也一定要比征婚者本人收入高;等等。征婚者往往不清楚自己的真正需求是什么,这就让我做得筋疲力尽,心累。很多时候好心没做成好事,于是我萌生了要去学习来真正帮助征婚者的想法!

我既不愿意征婚者真的进入不幸的婚姻,也更不愿意他们一直单身而成为世俗眼光中的“不幸”。于是2016年我开始到处去学习,只要是与婚恋有关的课,我都会拖着行李箱去学习,到全国各地取经。

那时候,我步入了一个误区,学了一点东西回来就用在单身会员身上,觉得自己懂得多了,大道理讲得头头是道。现在很清楚,那时候的我只不过是把大道理讲得更专业了些,对方听起来两眼放光,认为确实很有道理,但问题依然还是问题,效果甚微。

在每天的实践服务中,我体会到:**一个人的婚姻不幸影响三代**

人的幸福，更影响孩子的成长。基于这样的想法，我想真正帮助别人快速解决问题，拿到好的结果，所以我不顾任何人的劝阻，继续外出学习，寻找可以真正带来改变的方法。

在此特别感恩的是，2018 年，我遇到了李中莹老师，那一年我如愿找到了这样的方法，那一年也是我红娘生涯的一个转折年。

当时我去北京参加了一个全国婚恋论坛，我看到李中莹老师在台上不到 10 分钟就处理好一位女士与先生的关系，感到十分震惊，就特别崇拜李老师。那时我做了一个决定，要跟随他学习。

结果是，我真的学到了很多有效解决婚恋情感问题的简单有效的方法。

我可以为每一位单身朋友做一个进入幸福婚姻的规划，让每一位单身朋友更清晰地了解自己，学会如何找对象、如何谈恋爱、如何经营亲密关系，让他们不仅仅找到相爱的人，还可以经营好婚姻。

我依然是如此的幸运，这几年由一个红娘成长为婚姻咨询导师。

我更想说的是，我的学习实际上不只是在助人，更重要的是助己。

看似在帮助别人，其实是在实现我自己的人生价值。

我这几年服务了 3000 多人，可以说在每个人身上我都收获到了感动，服务他们的过程，都是在点点滴滴使自己成长。

我想起来曾经有这样一位1991年出生的女孩，我见证她从恋爱到步入婚姻，再到成为幸福的宝妈。我非常清楚地记得她当时24岁，来到我们公司要找对象，坐在我面前后端着水杯就开始吐槽她的父亲。

她恨她的父亲，本不想找对象的，因在家里被父亲打，逼着来，所以不得已来了。

我当时的回应是："不可能吧，是真的吗？"

她用求助的眼神看着我说："是真的。"于是撸起袖子给我看。

我便用我的老话来劝说她："你爸打你，是因为他在意你，才如此着急。多理解理解爸爸的良苦用心。"

当她想反驳我的时候，我还在劝说她，听父母的话对她一定有好处。

就这样，她以有事为由结束了谈话，急匆匆离开了。我当时没意识到她是生气走的。

时隔3年，她已27岁，再次联系我的时候，我很诧异，怎么还没结婚呢？

当她再次来到我的工作室，说出了当时离开的真相。她说对我当时说的那些话非常生气，感受不到我作为红娘对她的理解。2018年已经是成长后的我了，我这才明白她当初为何匆匆离开。现在回忆起来，我还会暗自偷笑，觉得那个时候的她比那个时候的我要智慧多了，因为得不到安慰，起码离开会更舒服点。

当然这次她来，面对的已经不再是那个不专业的红娘，我用我的专业技能去帮助她。她从反感婚姻、不敢恋爱，再到愿意去尝试，经历了 4 年，2022 年她幸福地嫁给爱情。她说，我是他们夫妻俩最感谢的人。

还有很多很多这样“好事多磨”的故事，一直在滋养我成为专业性更强的婚恋导师。很多时候，我可以从他们身上看到别样的自己。我的心就是一面镜子，遇到的人、走过的路、遇到的风景都在照见我要成为怎样的我。我不再是曾经那个看到对面来人有缺点就想指导的我，不再是曾经那个见到来访者有情绪就给予评判的我，也不再是没有界限总想改变对方的我，而是能够用我的心去感受对方，对方有怎样的需要，我可以怎样去支持、陪伴他，或者用我所学的技能让对方意识到自己的本自具足。

很多人问我，觉得自己最牛的事是什么，让我瞬间说出来的是：**我选择学心理学专业助人这条道路，用生命影响生命。如果说得再具体一点，那就是我已经让很多家庭过上幸福生活了。**这些都是值得我感恩的。

经过这些年的学习与经验积累，我服务的群体不断扩大，我能够更加精准、简单、轻松、有效地帮助他们。我经手的近 3000 个个案故事都是我们中国人的情感故事，我会开设专业技能课去传播相关经验，让中国家庭更加幸福。

在这条路上，我继续前进着。现在，我面对的不仅仅有情感问题，还有孩子学习问题、家庭关系问题，这些个案我都可以接下来，并达到一定效果。**在给孩子们做咨询的过程中，我更多地看到了生命的爱和力量，看到了孩子们在用自己的生命唤醒父母。**

2023 年，有这样一次咨询让我永生难忘。

14 岁的女孩不上学，在家躺平，什么也不做，把自己关在屋里。她的妈妈找到我，我在前期做了几次辅导后，妈妈的情绪有了变化，孩子也愿意跟我多交流。我在运用我的专业知识给她做辅导的过程中了解到：孩子已经 10 年没有见过爸爸，爸爸在另外一个不远的城市，爸爸妈妈在她 3 岁半的时候离婚。离婚后妈妈一直不允许孩子去见爸爸，孩子偶尔接到爸爸的电话，心里对爸爸的想念也不敢说出口，因为从小到大妈妈都一直在她面前骂爸爸，爸爸托人送来的衣物，她妈妈都会找理由扔掉，甚至很多时候妈妈会责怪她成了“拖油瓶”。

我用所学的方法，开始打开这位妈妈的心结，决定用最快最有效的方法来帮助这个孩子，于是我分别跟孩子、孩子妈妈、孩子爸爸沟通，大家都同意一起见面来解决问题，我当时非常开心，起码孩子时隔 10 年可以见上爸爸一面了。

就这样，我运用了我所学的一个非常厉害的技术给一家人做辅导。孩子见到爸妈在一起，很拘谨且有些不知所措，一直盯着爸爸看。刚开始辅导时，爸爸妈妈一起抱住孩子，孩子的两只手举在半空中，不知放在哪里为好。后来我让孩子去感受父母的爱，孩子终于哇哇哭喊起来，那种撕心裂肺的哭喊把我们都震住了（过后她的妈妈跟我分享时说从未见她这么哭过，平时都不怎么哭的），整个过程非常震撼，当三个人最后都哭着拥抱在一起，当爸爸和妈妈都说出那句“对不起”时，我也哭了。

辅导结束，三个人的衣服都已湿透，当孩子和爸爸继续抱在一起时，妈妈当着我的面对孩子说：“从现在开始，你不用再忍着对爸爸的想念。从现在开始，你可以随时见爸爸，你想什么时候联系都可以，妈妈一定不再阻止你见爸爸。”同时妈妈对爸爸也说了声“对不起”。

就这样，孩子在离校 37 天后顺利上学，现在进入了初三。时而与爸爸联系或者见面，她好像换了个人，变得爱笑、爱分享。

见证这些人身上的美好发生，我也在更多地领悟人的智慧，其实人生真的可以很简单，不简单只是自己不允许简单。我现在也会遇到一些问题，我不会如 10 年前陷进问题里去探个究竟问为什么，而是会提醒自己去解决问题，这是我在学心理学的路上生发出的智慧。

我很感恩自己的选择，更感恩一路走来遇到的各位恩师及结伴而行的伙伴！曾经我认为，我觉得自己有价值就有价值，现在我知道，一个人的价值不是自己说了算的，而是由对方说了算的，所以我愿意继续前行，做一个在你心中有价值的人。

一个人的价值不是自己说了算的，而是由对方说了算的，所以我愿意继续前行，做一个在你心中有价值的人。

诸相非相

■ 琅然

学习路上的导演、制片人

院线电影策划人

多伦多大学学子

加拿大亚裔影视从业者协会发起人

每年的开始，我都会精心挑选一本手账，记录接下来一年的细碎想法，它们如吉光片羽般被我熨帖收集。我最期待的时刻是伴着窗外绽放的烟花，一个人在黑暗中思索今年想做什么。虽然我生命旅程的时间不长，但心灵的路途可谓颠簸起伏。我的领悟是：**他人疑目不过如鬼火，无人能阻拦我走自己的夜路。不想做的事情，我一概不奉陪。**

二十年来，我有了很多的头衔，人们也通过这些头衔来认识我，如我就读学校的金字招牌、我在电影行业的小小成就。我见过高楼庙宇，觥筹交错间推杯换盏左右逢源，见过太多人迷失于自己身上堆叠的符号。但这些其实都不重要，都不过是利益交换时拿出去撑场面的东西。“我”，最重要。电影《一代宗师》中有句台词：“人生有三个境界，见自己，见天地，见众生。”而见自己是其中最难的，也常常被人遗忘。如果问我，我最大的成就是什么，不论未来征服了什么样的高峰，我永远会说，我做过最厉害的事情是战胜抑郁症，并且没用药物。这套我摸索出来的心法其实很简单：深刻了解自己，做自己的父母重新将自己好好养育，补齐所有的遗憾，用全然的爱，浇灌出强大的自我力量。

深刻了解自己，做自己的父母重新将自己好好养育，补齐所有的遗憾，用全然的爱，浇灌出强大的自我力量。

如果五年前，你说我可以达到今天的状态，我估计会嗤之以鼻。那时的我深陷抑郁症的沼泽，每天没有力气，只想昏睡，醒来的时候，脑中只有结束生命的想法。当时我孤身一人在遥远的加拿大，面临着巨大的课业压力，边崩溃边写作业，因为完美主义不肯放过自己，将结果看作比生命更重要的东西，刷 GPA 到 3.8，每呼吸一口都感觉像烈火烹油。这样的状态持续了好几年，一个弱小灵魂所能承受的所有磨难都好像烫印在我身上。现在我不只上岸，还跑起来了，我想大声跟大家说，丢掉所有对于正确的执念，人生不是一场跑步比赛，人生是旷野。你可以去跟别人赛马，也可以建一座漂亮的小房子，甚至可以去森林里采蘑菇，只要你是自洽自足的。**不是只有跑到第一名才算活过，不是只有做到完美，才值得被爱。**

神经科学中有一个概念——神经可塑性。大脑的神经网络不是固定不变的，而是可以根据经历和环境的变化进行重组和调整。将其应用在治愈过程中，你就会发现没有事情是绝对好或者绝对坏的，从任何坏事里看出好来，不用社会规训鞭笞自己。有的时候，我们自己对自己的为难比别人施加在我们身上的伤害大得多。而我们的自我憎恶，很多时候来源于我们对“正确”的认知。例如，我必须考上好大学，去大厂找个好工作，跟好人结婚，我才完成了任务。随大流不一定快乐，但安全。但我们本身就有足够的力量跳出来，问问自己想要什么，什么对我来说才是好的。如果重来一遍，我绝不会逼自己事事拿第一。事实上，我好起来也是因为我发现那样正确的生活并不是我真正想要的，那我就没必要和别人的人生轨迹一致，也没必要有被落下的感觉。同龄人的成功并不意味着我的失败，我有我自己的节奏。后来我发现人生如此多样化，这个世界上本不存在单一的价值观，是人们创造并不断强化它，用它来划分阵营，这是我们进化中留下的基因记忆。我开始告诉自己，没关系，累了就休息，休息是被允许的。和别人不一样，有时会让人感觉不安，但这是不将就的人生所必须承受的代价。相比按自己的节奏走得痛快，这代价不值一提。**这世界上本没有白走的路，所行之途皆是日后的福祉**。

于是在痛苦到麻木的时候，我停了下来，什么都不做，就只休养。我养了一只小狗，叫小乔。小乔喜欢把头从车的天窗中探出去兜风，高兴的时候舌头会歪向一边，爱在卧室的一角晒太阳晒到全身发热。我开始对生命中细微的美好有了感知。看着朋友们创业了，财富自由，我也时不时会质疑自己是否走得太慢，但也一遍一遍告诉自己不需要羞耻，最重要的就是照顾好自己，这是我以前从没有过的概念。我好好研究抑郁症，将它视为我的伙伴。那时我以为，即使我可以得到片刻的安宁，也不会永远摆脱它，但那又怎么样？我的人生比别人多了一层底色，这多么精彩。我也和父母沟通童年创伤，逐渐理解没有人会有完美的童年，每个人都有自己的认知局限，原谅他们就是原谅自己。而随着年岁增长我也会更强大，强大到可以重新养育自己。这个过程中当然会伴随着亲戚朋友的闲言碎语、社会投来的评判眼光，但我们不需要在乎，因为我们不是活在他们的期待里的，我们首先是为自己而活的。在好好休息了一年之后，我逐渐感觉到能量重新朝我涌来，世界在我脚下。**你看，一切都会好起来，只要你坚定地相信。就像这世界上的任何事，只要你不停地向它靠近，宇宙都会帮你。**

如果此时我说，在这一年后，我彻底好了，我在事业中所向披靡，那好像是大家想看到的爽文结局。但生活不是爽文，接下来的几年抑郁症会时不时来跟我打招呼，因此我曾感到十分挫败：我都停摆了，你还想要怎样？但每次它停留的时间越来越短，因为我越来越了解自己了。我反思，我的崩溃总是因为有很多小事发生让我难过，但当时我都忽略了，于是它们累积起来在某一个节点使我的精神直接崩溃。现在每当有让我难过的事发生时，我就观察它、接受它，甚至允许自己短暂地沉浸在情绪里，不急着拉自己出来。渐渐地，我越来越会应对了。有时无故心情低落可能就是血糖低了，赶紧吃口甜的缓缓。觉得人生无望就出门走走，大空间令人心情舒畅。以前都是我的好朋友告诉我没有那么糟糕，后来我学会了也这样告诉自己，神经可塑性就是这么神奇。翻看那些年的手账本，当中记录的全部都是自己给自己打气的话语。就是抱着一切都会好的信念，瘸着、爬着、累了就歇歇，就是这样走出来的。那些庞然大物皆被一一翻越，回望不过淡然一句：雨总会停的。只有精神图腾在暗夜中如明珠闪耀，靠近一看，它叫勇气。

现在的我能够更为成熟地允许一切发生。旧伤逐渐愈合，我在上面画了朵花。我意识到，抑郁症这个曾经使我完全无法自行运转、我曾视为拖累的东西实际上是我宝贵的人生财富。它使我思考了许多深刻的问题，比如人存在的意义，然后给出自己的答案；它使我对许多事有了更为敏锐的观察，是我艺术事业的一大助力；经历抑郁症后，我对人的包容度变高了很多，没有掌握足够信息的时候从不轻易评判别人。**余下人生的每一秒，我都不想向所谓的应走的路妥协，我会创造我自己的道路，每个人都可以这样。**

我曾经紧紧抓住完美不放，因为完美使我感到安全，得以喘息；我曾经因为世界的真实模样打破了我的完美构想而十分厌世；我也曾因为无法掌控本来就不可控的事情而感到深深的挫败。但完美是不存在的。我开始明白，要允许错误、允许不圆满的结局，然后去爱完整的自己。2023 年初，我在手账本上写下与自己沟通完美主义的任务，而现在，我想我可以打钩了。

博尔赫斯说："任何命运，无论如何漫长复杂，实际上只反映于一个瞬间——人们大彻大悟自己究竟是谁的瞬间。"**生命的过程是体验并了解生存的感觉，完成自己的课题，洞见一些道理，最终不为内在欲望所捆绑。**一切有为法，如梦幻泡影，如露亦如电，应作如是观。

将书法事业与心理学结合起来，我的路越走越顺

■ 莫立霞

书法老师

讲墨书院创始人

“42 天珂轻松减重训练营”版权课授权导师

我是一名书法老师，家乡在湖北，现在定居深圳。经过10年的沉淀，我拥有了自己的书法品牌“讲墨书院”，培训了20名专职书法老师。2024年计划一年内培训30名书法老师，更深入地学习心理学知识，帮助我的学生和家长。目前运用徐珂老师的“珂轻松减重”课程知识已帮助20人成功轻松减重。**感恩一切，继续加油！**

我开始对心理学真正感兴趣，源于我从144斤减到104斤。生完小孩的我，开始接受胖了几圈的自己，孩子上小学了，我还在以此为借口不修边幅，去学校、机构、社区、幼儿园上课，还自我感觉良好。直到有一次发现自己翻身下床弯腰捡东西都很吃力，我才瞬间意识到胖和长期不动的生活习惯已经严重影响到我的健康。于是，吃减肥药成了我的首选方案，减肥药换了一批又一批，不行；健身，不行；节食，不行；仪器，不行……

减肥折腾得人很烦，一烦又吃，还越来越胖……我相信一定是我强烈的减重信念感动了老天，让我遇到了徐珂老师的心理减重法。死马当活马医，399元，42天训练营陪伴打卡，目标达成还返现，相比我以前用的产品，太便宜了。我懒，不愿意打卡，但我听课非常认真，听话照做，第一周就减了5斤，做梦都笑醒了。尝到甜头后，我更加坚信训练营可以减肥，于是我减肥更加认真。整个暑假，从刚开始上课要坐在讲台上让孩子们一个个上来交作业给我批改，到后面全程下来巡查，课堂效果和氛围越来越好。新学期开始，家长再见到我，我已不再是从前的我，好多家长试探地问我："你是莫老师的妹妹吗？"家长惊讶于我脱胎换骨的变化，本来是拿钱给孩子报名，最后光聊如何减重了。我特别开心。

太多人问我怎么减，为了系统地把方法讲解给他们，我报名学习了减重的底层逻辑课程，拿到了导师身份，帮助身边的家长和朋友们减重成功。

在这里我想说的是，中间一段时间，因为疫情，我的好几家书法培训班关门了，压力让我重新胖回 135 斤，我也没有心思去管减重群里的伙伴们了。直到 2023 年，工作、生活回归正常，同时我也学习了 NLP 的一些知识。好的学问我想要让更多的人知道，人们用好了，再继续宣传，这样你好、我好、大家好。

"三赢"是我学习 NLP 后用得最多的，这个跟我的个人成长经历有关。**以前不管大事小事，我都只看到对立面，要么你赢我输，要么我赢你输。但我又对赢感到莫名的恐惧，有时候怕自己赢，怕被对方记恨，以后不知道会给自己找什么麻烦，于是输给别人。**

长此以往，内心的委屈越来越多，生命状态也在平均值以下。"三赢"，当我第一次听说时，我想到了我和别人，没有想到还有一个"系统"。系统在我的脑子里是一个空白的存在，完全没有概念。

更没有想到的是，“三赢”的第一赢竟然是要先满足自己。不可能啊，那不成自私了吗？但是静下来思考自己这么多年的经历，我理解了它的含义：在不伤害别人的前提下，先照顾好自己。是呀，在不伤害你的前提下，我肯定得先照顾好我自己呀，不然我哪有余力去照顾你呀！这样，我也允许你先照顾好自己再照顾我，两个人都先各自安好，最后 1+1>2，系统也才会越来越好。这个发现让我瞬间轻松了起来，原来，对自己好一点，不是自私。

说回减重，因疫情而无心顾及的减重群，就在“三赢”给我的启示下重新活跃了起来。**我调整了自己的状态，想要重新带大家一起减重，我好、你好、大家好！**

另外，也想跟大家分享一下，我的书法培训机构从成立到现在，近 10 年的时间，我没有记过账，前两年的心态是刚开始先不管是否盈利，先认真用心做事，这种佛系好像成全了我的旧思维（你好，我可以不好），但这种思维只能小打小闹，校长、老师都是我一个人。后面慢慢有家长咨询想加入，让我萌生了带团队的想法，一年内培训了 10 个书法老师，现在想想，我好带动你好，进而让团队更好。

非常感谢一路上贵人的扶持，我铭记在心！感恩！

随着人员的增多，需要走出去接触更多的家长、学生、机构、学校、幼儿园，我的意识局限就出来了，以前我只代表我，现在我代表我们团队。出于不能让老师们亏的心理，我开始慢慢刻意训练自己的“三赢”意识，NLP给了我直接明确的训练方法，资格感练习和每日感恩是我常用的。**偷偷告诉你一个秘密，常怀感恩，真的能让自己轻松很多。**

说回正题，走出去，就要和外界打交道，在和外界打交道的过程中，我出了不少糗事。第一次准备合同，我寥寥几句就写完了，别人提建议，我还自命不凡，说那些都是约束小人的。但是现实狠狠地打了我的脸，经过几次教训，后面每次出去签合同前，老师们都会一句一句斟酌合同内容，不让对方吃亏，也不给对方漏洞钻空子。这样几次后，我们与别人的合作越来越顺。我才知道如果你给别人的不是别人想要的，哪怕是好处，在不合理的情况下反而会被认为是陷阱，这是人性。

讲到签合同，我又想到一件好笑的事：合同都谈好了，临近签字时，我不知怎么回事，就会冒出一句话来自我贬低。虽然事后补救成功，但把老师们吓得不轻，所以后面签合同时，我全程不说话，事情也顺利多了。

除了三赢，我还特别想说下资格感和感恩，这个前面也提到过。

先说资格感，我是资格感偏低的。拿减重说，第一次对着镜子说“我有资格减重，我有能力减重，我爸爸允许我减重，我妈妈允许我减重”时，我第一句就说不出来。根据老师的引导，我看到了自己的身体反应和情绪，闭上眼睛去感受这种情绪，倾听内心的声音。就这样，坚持了3天，我终于能看着自己的眼睛，心怀喜悦地说出这些话了。减重也是从那个时候开始。有了这次切身体会，我对这种看似神神叨叨的东西有了敬畏，继续做“赚钱”和“成为有钱人”的资格感练习，大家有兴趣也可以训练起来，就参照上面4句话的模板。我分享一下我的训练，在训练“我有资格赚钱”时，我可以很顺畅地说出来，但是在训练“我有资格成为有钱人时”我卡住了。静下来好好地跟自己沟通以后，我才发现我的想法是只要努力、不怕辛苦就可以赚钱，但我没有有钱人的命。这是我的卡点，感谢这个训练让我找到了。

另外再说说感恩，这个简直太好用了，**对你生命中出现的所有人、事、物，不论它们是以什么样的形式出现的，都心存感激**。你的呼吸、身体、器官、吃的食物、空气、太阳、月亮、水、衣服、家人、邻居、同事、客户、你拥有的技能、一本书、一趟地铁、一位保安，你都去感恩，因为这些会都是我们生命的一部分，都是来陪我们体验的。一般来说，对好的事物，我们很容易感恩，但是对一些不好的事物，我们很难接受，更不用说去感恩了。怎么办呢?

去发现。我们常说，世界上不缺美好的东西，只是缺少一双发现美的眼睛，去发现别人背后对你的爱。

都说书法静心，修身养性，但是前提是你能先静下来提笔写字。我2024年的目标，就是把书法和心理学好好融合在一起，让孩子们爱自己、爱他人，写好中国字，做好中国人；让家长们特别是妈妈们，也能先做自己，再做智慧妈妈，这样家是幸福家，国自然是幸福国。

愿望很大，心之所向，行必能至！

我们常说，世界上不缺美好的东西，只是缺少一双发现美的眼睛，去发现别人背后对你的爱。

第三章 为跨越而拼

让生命变得鲜活

■ 王佳

ICDA 高级软装设计师

NLP 执行师

DISC 授权讲师

“女性能量工作坊”“42 珂轻松减重训练营”“理解六层次个案工作坊”版权课授权导师

作为一名拥有 15 年从业经验的家居室内软装设计师，我的使命是将设计、创意与美好传递给每一个家庭。在创业的漫漫征途中，我经历了很多，有满满的收获，亦有重重的困难，更有显著的成长。从初出茅庐的新手，到如今成为经验丰富的资深软装设计师，这数十载岁月，我赢得了客户极大的肯定与信任，带领团队完成了众多案例，并屡次获奖。我从一个不停忙碌的“搬砖人”，蜕变为工作相对自由的创业老板。犹记得在怀着小儿子 6 个月时，我仍参与团队的酒店设计工作，身着韩式裙装，未让他人察觉我身怀六甲，最终顺利完成项目。我最大的感悟便是：**人生不设限**。15 年的工作经历使我深切领会到人生就是一个积累的过程，我的能力、资源、经验，以及所有的过往经历，皆是上天赐予的珍贵礼物，人生路上迈出的每一步都算数。当我回首这十几年的创业历程时，深感过去的拼搏造就了当下的自己，同样，今天的努力也必将成就未来的自己。**只要付出努力，便会有所收获。正因如此，我将持续奋进，让我的未来更加美好**。我在工作中时刻感受着快乐，享受每一次完成一个案子的过程，将案子视作孩子一样养育，为客户的家注入美好与温暖，也为自己增添一份自信。

心理学这个领域最开始是我的爱好，慢慢地，我把它从爱好变成事业，学习心理学的过程、承接个案的过程是最让我享受的过程。在担任心理咨询师期间，每一个个案皆为一次疗愈，影响着一个人，触动着一个家庭。当我服务更多的人，把更多的美好带给更多的人，让更多的人看到他身边的美好，一个生命去影响另一个生命，一个生命去推动另一个生命，这个事业就会变得更有意义。

如果问我最有成就感的事情是什么，我想说是在疫情期间，我把危机转化为了机会。疫情期间，我在家里待了 3 个月之久，我用徐珂老师研发的“42 天珂轻松减重训练营”课程，以授权导师的身份带领 160 名减重学员用 NLP 的方法居家线上减重，人均减重 8.9 斤，不仅给大家带来了瘦身后的健康，也缓解了疫情期间停业的焦虑。我自身遗传了母亲的易瘦体质，每当我分享减重成功的经验时，学员会觉得我本是小基数，自然容易减重，而自己是大基数，很难凭借 NLP 的方法达成目标。于是，我开始食用各类甜品与高热量食物，使自己从 89 斤增重至 120 斤以上，而后带着学员们一起从 120 斤减回 90 斤，让众多学员树立了信心，瘦身成功。

后来我又在家里待了 3 个月，这一次我依旧没有焦虑和内耗，而是利用这段时间提高厨艺。迄今为止我已经苦练厨艺 500 天，考取了高级西点师的证书。当家庭成员以及身边的朋友，在生日和庆祝节日之际，品尝到我亲手制作的甜品与美食，我的成就感和幸福感可谓盈满心间。我将危机化为转机，从而实现了自己的一个小梦想。同时，我还在日常生活中通过玩烘焙游戏的方式，把两个儿子培养成了小西点师，孩子们6岁时就可以独立做出各式美味甜品。

当我的事业蒸蒸日上之时，家庭与事业难以平衡所导致的家庭冲突问题便浮出水面。当我带着这些问题走进徐珂老师的课堂，接触了NLP这门学问，并将其理论融入生活加以实践，凭借感受与收获，让生活变得更美好，我也探寻到了生活的真谛，通过"女性能量工作坊"和"理解六层次个案工作坊"等版权课程的学习，通过完成数个个案，我洞悉了自己成长过程中的创伤。勇敢地面对它、疗愈它，使得我的生活发生了翻天覆地的转变。通过持续700多天的女性能量打卡，我惊喜地发现只要是我写进打卡清单中的愿望，皆已如愿以偿。觉察乃是极为珍贵之物，而行动更是宝贵的生活财富，它们让我收获了理想的生活，成就了更出色的自己，拥有了良好的夫妻关系，领悟到了两性关系的真谛，明白了沟通的重要性，也让我深知改变生活首先要改变自己。当我们自身发生变化，当我们内心的执念有所转变，整个世界都将随之改变，一切都会愈发美好。许多人说职场妈妈平衡家庭与事业乃是一个伪命题，是一件无法达成之事，然而我怀有一个信念，那就是我能够努力做到相对平衡。当我工作时，便全神贯注地投入工作；当我陪伴老公、孩子时，便全心全意地陪伴他们。并不是说我将事业和家庭中的哪一个看得更为重要，而是我在某个时间段去做我认为最重要当我工作时，便全神贯注地投入工作；当我陪伴老公、孩子时，便全心全意地陪伴他们。

的事。通过总计 100 项打卡目标，月均 20 项打卡目标，我也将 NLP 里的“目标管理”运用得越来越好，打卡仿佛是生活赐予我的一份厚礼，使我提升了工作效率与生活效率，从而多出一些时间，我的生命仿佛被拉长，视野亦愈发开阔，感觉每天都是全新的，都是满怀期待的，都是通过自身的努力去创造、去付出，去感染、去滋养、去影响身边的每一个生命。当我领悟到生活的真谛，便会发觉自己已然转变，生活中的每一个人都不一样了。每一个人皆如金子，皆有其闪光点，所以我们活着的每一天都充满意义、充满希望，当我将每一天都视作最后一天来过，便对身边的人、事、物满怀感恩。迄今，我写情绪日记和感恩日记已逾 1000 天，坚持微笑打卡亦两年有余。起初，身边之人对我的各类打卡难以理解，而后身边越来越多的人看见我打卡后的转变与收获，聆听我分享打卡的心得，皆亲切地称我为“打卡姐”。于是，我带动了更多的朋友加入我的打卡行列，亦有幸收到珂学堂徐珂老师的邀约，作为特邀导师在平台做分享，将运用 NLP 的收获以案例的形式分享给平台的学员，至今已分享到 200 多期了。**当我让自己的生命充满活力，能够影响更多的生命、服务更多的生命时，我认为这便是一件极具意义之事。**

作为两个孩子的妈妈，以前我也会觉得养育孩子是一件很辛苦的事情，后来通过学习，我发现如果养育孩子的过程很辛苦，那一定是我的方法不对。当我摸索出一套育儿方法并逐一践行，我与孩子的相处愈发和谐融洽。每一天陪伴孩子的时光都是一种享受。顺利地陪大儿子度过青春期,让孩子学会珍惜自己的生命、时光与学习机会,极大地激发了孩子的内驱力,让孩子觉得虽然学习比较辛苦,但在大多数时候仍能享受学习,感受学习带来的成就感。他们两个也是家务小能手,一同付出劳动来构建我们的美满家庭。

正是因为我们为建设美好家庭做出了努力,所以我们更加珍惜我们的家,更加重视每一个成员的感受。我认为自己养育孩子的目标,就是让孩子拥有独立照顾自己的能力,能够在步入校园、走进社会之后照顾好自己,并且有一份对学业、工作与社会的担当。我觉得每一个孩子都是上天赐予的一份礼物,养育每一个孩子的过程,都是让我们再次体验童年的过程。和孩子在一起的每一天我都非常珍惜,孩子有时像我们的朋友,有时甚至如我们的老师,教会了我们生活的真谛,更是让我们看到了生命最初最纯净的模样。所以我要做的是让我的孩子成为幸福的孩子,给他们创造一个快乐的童年。**都说幸福的童年可治愈一生,幸福的童年便是生活的底色。**我要给我的孩子的,就是当他日后踏入社会时,每当想起在家庭中的幸福时光,便能感到温暖;当他遭遇困难、面对挫折时,便能拥有力量去应对、去克服,从而过得越来越好。我想,这就是养育孩子最幸福、最有意义之处。

非常幸运能够走进徐珂老师的珂学堂研修,能够走进李海峰老师的 DISC 课程,能够结识如此多闪耀的生命。正如心理学家维克多·弗兰克尔在《活出生命的意义》中所说:“寻找到生命意义的三个途径:工作(做有意义的事)、爱(关爱他人)以及拥有克服困难的勇气。苦难本身毫无意义,但我们可以通过自身对苦难的反应赋予其意义。”通过这样的学习,我的生活越发精彩纷呈。我深刻体会到,我们追求成长,其实就是在寻找生命的意义。弗兰克尔所提到的三个途径,为我们指明了方向。工作让我们实现自我价值,爱让我们与他人建立深厚的连接,而克服困难的勇气则使我们在逆境中不断成长。同时,我更加坚信,人的内在力量是可以改变其命运的。就像在面对苦难时,我们虽然无法选择遭遇的困境,但可以选择以怎样的态度去应对,从而赋予苦难新的意义,最终改变自己的人生轨迹。**只要我们的内心足够强大,充满勇气和希望,就能在生命的旅途中创造出属于自己的精彩**。

重塑身心

从自卑到自信，NLP改变了我的人生轨迹

■ 王秋润

心理咨询师

系统动力派 NLP 执行师

SRI 自我整合执行师

"近期我参加了李中莹老师 NLP 执行师的课程。"

"NLP 是什么?"

"NLP 啊,是一门心理学技术,你百度一下啊!"

三年前我和一个朋友聊到这个话题,直觉让我马上去百度。NLP,神经语言程序学,是从解析成功人士的语言和思维模式入手,独创性地将他们的思维模式进行解码的一门心理学技术。然而,当我搜索完,我对 NLP 的理解更加困惑了,这真的是中文吗?完全不明白啊!

然而,命运的安排总是这么奇妙。当天晚上,我的另一个朋友向我推荐了徐珂老师的直播,她说这个老师总能直击问题的核心,令人豁然开朗。确实如此,我被徐珂老师的讲解深深吸引。更巧的是,徐珂老师也提到了 NLP。于是,我毫不犹豫地报了名,从而踏进了 NLP 的世界,这就像爱丽丝掉进了奇幻仙境一样令人着迷。

在旁人眼中,我从小到大一直是个开朗且成绩优异的孩子,礼貌守规矩,无论是在学校还是工作场所都能与人为善。然而,我内心深处的感受却与外界看到的截然不同。

从记事起,我时常能听到父母的争吵声,大吵小吵,各种理由,他们有时甚至会激烈地扭打在一起。有一次，我回家时恰好看到了这恐怖的一幕，我惊恐到全身僵硬，仿佛时间停止了一般。那时的我，心脏狂跳，大脑一片空白，完全不知所措。

高考前夕，压力如山。我找不到合适的排解方式，又不愿回家，只好在我家小区旁的街道上来回徘徊，直到夜幕降临。随着年岁的增长，我学会了将这些记忆封存，不去触及。

我与父母的关系，自然也因此变得不冷不热。我们保持着一种“安全”的距离，既不亲密，也不至于疏远。

认识的唯一来源是实践。在课程中，我们学习了名为“接受父母法”的潜意识沟通技巧。起初，当我尝试在心中构想父母站在我面前的场景时，我并未感受到明显的情绪波动。

然而，随着老师要求我们与父母进行对话，某一句话似乎触动了我内心深处的某个角落，我忽然无法抑制地大哭起来，仿佛一个长久封闭的情感闸门被瞬间打开。痛苦、悲伤、失望、紧张、激动……各种情绪交织在一起，不断地涌现。

随着情绪的释放，我的记忆也开始清晰起来。我回想起生病时母亲无微不至的照顾，她无论多忙多累，都会为我烹饪我最爱的饭菜。父亲对我的严厉批评背后，是母亲对我的维护。高中时成绩下滑，被老师在家长会上点名批评，回家后母亲却一个字都没有提，反而鼓励我说老师觉得我很聪明，只要我用心，一切都不是问题。

还有一次，上大学时我周五晚上坐公交车回家，下车后看到父亲在车站等我，他接过我手中的东西，轻轻拍了拍我的头说："宝贝回来啦。"我不知道他等了多久，只知道他只清楚我大概的到达时间。后来听妈妈说，我大学住校的第一周，每到放学的时间，爸爸都去阳台望着我回家的方向，好一会儿才想起我已经去上大学了。

这些回忆让我感动不已，也让我意识到父母对我无尽的爱。在此过程中，我对父母充满了感激和爱意。在这个过程中，我的脑海中浮现出了 NLP 的十二条前提假设之一：每个人都做了当下他能做到的最好。我意识到，爸爸妈妈在生我之前都很年轻，他们有自己的成长环境、背景、性格和做事方式，他们也是第一次为人父母，无法做到自己不懂或不会的事情。

我开始体会到爸爸的辛劳和妈妈的委屈、无助。他们给予了我生命，而我用他们赋予的能力、资源和爱，活出了现在的自己。我明白，他们已经做了当时他们能做到的最好的程度，对此我深表感激。

在练习的最后阶段，我在妈妈的怀抱中体验到了她如海洋般温柔与包容的呵护。同时，爸爸也走了过来，将我俩紧紧拥抱在一起。那一刻，我再次感受到了他们给予我的力量与保护。他们给予我的一切，都在我体内温暖着我、支持着我、激励着我。

我哭了很久，感动了很久。自那以后，我开始每天晚上运用这个“深层链接”的技巧，与父母的关系越来越好。我每天都给他们打电话、发信息，不再觉得妈妈啰嗦，也不会对她不耐烦。在与爸爸的交流中，我也不再感到忐忑和恐惧，有什么事情都会坦诚地与他沟通。

随着与父母的关系日益融洽，并且不断在工作和生活中运用 NLP 技巧，我逐渐发现周围的一切都变得更加顺利。**我的内在力量不断增强，自信也逐渐累积。**

NLP 是实践的学问，很多技巧需要大量的分组练习。因此，我发起了一个线上学习小组，与大家视频练习并交流。在长达 300 多天的共同学习中，我们熟悉了 NLP 的各种工具，如复述、意义换框法、逐步抽离法、EQ 模式处理他人情绪等。我们互相交流潜意识沟通技巧，协助彼此处理情绪、接受父母和自我，增加内在力量，明确身份定位。

每当有学习上的困惑，我都会记录下来，在群里提问或与徐珂老师直播连线。我们将老师给出的方法进行整合，并与小组成员一起探讨实施，不断优化我们的学习方法。对于复述这个技巧，我们已经做到了 3.0 版本，从最初的一字不差地重复对方的话，到简单地重复并做出回应，再到回应后提出自己的问题。

我们为什么要做这个练习呢？其实，很多时候人际关系不好是因为沟通表达有问题。我们急于表达自己的观点，而忽略了倾听对方的想法。这个技巧让我们意识到，原来我们真的是有选择性地倾听。当对方说完话，我们很难完全复述时，如何做出好的回应呢？李中莹老师曾说过：“沟通就像跳双人舞，要紧跟对方的步伐。他左拐你就左拐，他右拐你就跟着右拐，但前提是你要清楚对方走到哪里了。”

在练习意义换框法时，一位伙伴分享了她与老公吵架的案例。在换框思考的过程中，我们发现吵架原来有100多个好处，不禁笑得前仰后合。以下是我列举的一些好处供大家参考。

1.能说出平时难以启齿的话，更深入地了解对方

2.给了对方一个哄自己的机会

3.借此机会练习NLP中的“一分为二”技巧

4.孩子可以学习夫妻之间的沟通方式

5.实践撒娇的技巧

6.证明双方还有激情

7.暂时不用做家务

8.借机要求一些东西作为补偿

9.有更多的时间去玩

10.做自己喜欢的菜，即使对方不喜欢

11.了解对方的底线

……

当然，找好处并不意味着我们要故意吵架，而是当我们意识到这些积极点时，可以更平和地看待吵架或其他亲密关系中的问题，

从而促进关系的良性发展。

虽然李中莹老师谦虚地表示NLP只是一个工具箱，但在我看来，它不仅仅是一些技能或一些方法。NLP注重从整体和系统的角度思考问题，它教导我们在做事时要关注“三赢”：既要完成任务，又要保持良好的人际关系，同时还要考虑整个系统的利益。

NLP强调平衡并关注人生的各个方面，包括精神、健康、修养、学问、朋友、事业和财富等。它鼓励我们在特定的时间段内重点提升其中的一两个方面，并逐步使每一个方面都得到改善。这样，我们的人生将变得越来越轻松、满足、成功和快乐。

我曾经陷入自卑和压抑的泥潭，对生活充满了迷茫和无助，自暴自弃，是NLP让我的人生发生了翻天覆地的变化。**它不仅重塑了我的身心，更让我找回了自信和力量，让我从自卑走向自信，从阴霾走向光明。**

NLP教会我如何调整自己的思维方式和行为习惯。我开始意识到，许多负面的情绪和自我限制的想法其实都源自我自己的思维模式。

NLP也帮助我重新认识了自己。我开始深入了解自己的能力、信念、价值观和目标追求。在这个过程中，我逐渐发现了自己真正的潜能，也找到了自己真正热爱的事情。

NLP不仅仅是一门调整自己、重塑个人的学问，更是一门可以影响他人、帮助他人的学问。

现在，我希望能够将这门学问分享给更多的人。我相信，NLP的力量能够帮助更多的人走出自卑，重拾自信，找到自己的人生方向和目标。如果你也曾经像我一样迷茫和无助，那么请让我用NLP来点亮你的人生！

我相信，NLP的力量能够帮助更多的人走出自卑，重拾自信，找到自己的人生方向和目标。

拥有觉知，改变世界

■ 王妍

企业教练

系统整合导师

国家二级心理咨询师

职业生涯规划师

打开心灵，认识自己，是一段不容易的旅程。这种不容易源自无知，源自无觉。

以前，我是一个爱憎分明的人，最爱看的书是武侠书。**我的世界观是二元对立的，总是从一个极端走向另一个极端。中间地带，在我的世界里不存在。**

好处是，我活得真的比较肆意。

我曾经笑容灿烂，被同学夸赞我的笑容比太阳还有感染力。

我曾经满身的刺，动不动就会炸，一句不接受的话、一个不喜欢的表情、一个看不惯的人，都能让我烦躁、发脾气。

我表达能力还不错，如果可以一句话让对方闭嘴，绝不说两句，损起人来真的很厉害。因为在自己狭隘的二元世界里，常常不知道外面发生了什么，不明白别人怎么了，内心的想法总是：这个人怎么这样？那个人怎么那样？他有病吗？

身边的好朋友，既喜欢我，又怕我。

现在回头看看当时的自己，有一颗赤子之心，对人真诚，同时完全不懂情绪，不明白自己怎么了，更不理解别人怎么了。

虽然脑子还算好用，一路上了省重点高中、985 大学，可是，在情感体验的学习中，在社会关系这个大学中，我真的是只“小菜鸟”。千禧年大学毕业，我开始找工作。因为学历可以，找工作真的不成问题，问题是我不知道自己要什么。在社会上寻寻觅觅，做一段时间就换个工作，换行业换岗位，换不到自己喜欢的，非常迷茫。同时还被身边人批评，像个跳蚤一样换工作，不安安稳稳地扎根一家企业，这样的人，哪家企业愿意要？朋友虽然说话没这么难听，但也觉得我可惜，读书之路这么顺，多少人羡慕，怎么走上社会，发展这么差！一手好牌打得稀烂。**学了那么多知识，却过不好自己的人生**。

从无知到有觉知，转折发生在我开始参加体验式学习。

2004 年，朋友介绍我去参加了汇才公司教练技术的学习，那是我第一次参加体验式学习。在以人为镜的学习中，我过去的信念、价值观，开始有了一些动摇，二元对立的局面被打破。从别人对我的回应中，我学着从不同角度看自己，对自己的认知变得丰富起来。在不断与人深入互动的过程中，我对别人也有了一些理解，原来他们是这样想的，原来他们的感受是这样的。这是以前的我完全不知道的。渐渐地，我学会了向内觉察自己，向外看见别人。我开始保持觉知，知道自己当下的情绪是什么样的，知道我为什么会冒出这样的想法，知道了去面对问题。也学着立体地去看别人，不再非黑即白，不再非好即坏，而是中立地看待，每个人都有自己的特点，每个人都与众不同。我通过做助教、教练，不断地在这条路上升级，同时也发现：我是真的喜欢培训行业，喜欢这种有清晰的自我认知，能理解别人、支持别人的状态；喜欢建立真实的深度连接的感觉；喜欢看见别人拿到成果的喜悦。**我有能力支持别人，我可以做好**。

2010年，我在深圳的宏才公司做了一期教练，所带的一个小组组员见面就给我出难题，她说不要我，要另一个教练。她真的好像从前的我，任性啊！还好，现在的我已经不是当初的“小菜鸟”了。做教练之前，我告诉自己，要真心爱每一位学员，因为我深知，如果我不能真心爱我的学员，那么他们在我这里，就无法得到真正的支持。这个信念，贯穿我的教练生涯。看着这个学员，我笑着跟她说：“所以你是来支持我成长的吗？”她愣了一下，这个回答在她意料之外，后续我又和她深入聊，带着她觉知自己的行为模式和她当时的情绪，回顾她过去人际关系中的挑剔、攻击以及自我保护。在后续三个月的相处中，我很认真地关注每个人的特点，受益于觉知能力的提升，我可以很好地感知他们的状态，也能精准找到他们的限制性信念，用心支持他们突破。大家的家庭关系、事业等成果一直遥遥领先，课程中途，组员们就开始提出成就他人的口号。我们一共有四组，我的组员开始跑去另外三组参加组会，支持其他学员。那个当初想换教练的学员抱着我说，幸好当初没换。毕业时，我的小组拿到了“金牌团队”的称号，我的一个组员拿到了学员评比的年度第一，我的小组也成就了我，让我拿到了年度教练评比的第三名。

看到这里，你可能觉得我的生活很顺利。可生活不是这样，生活总是起起落落的。

2011 年，我又受邀做教练。这次带队，虽然我还是可以精准地找到卡点，可是在突破障碍方面，始终欠缺一点，所以各方面的成果不如预期，于是我开始认真地反思。这个班的学员和上一个班的学员的心智模式有着显著的区别，他们在面对挑战时，会分心，会有更多的顾虑。这样的情况，让我也有深深的无力感，我也很困惑，要怎么做才能帮到我的学员呢？

这一年，我的家庭关系也出现问题。结婚两年，孩子一岁多。虽然婚姻生活不快乐，我却依然在自己身上拼命找原因，我是怎么把好好的感情弄糟糕的呢？明明恋爱时不是这样的啊！

后来，我陆续接触了系统排列和 NLP。我开始有了系统的概念，对自己和老公有了更深入的了解，我发现自己容易进入应激状态，陷入情绪，而我的老公习惯屏蔽情感，回避问题。

这都与成长经历有关，我们不是偶然成为现在的样子的。

2013 年，我恢复单身，一别两宽，各生欢喜。陪我去办手续的朋友，非常不理解地看着我，离婚怎么会这么开心呢？这是我为了更好的生活做出的选择，我能做的都做了，没有遗憾，一身轻松，当然开心啦！

这一年，我再次走进课堂，跟随郑立峰老师深入学习 NLP 和系统排列。从个案班到初级、中级、高级导师班，一路跟了下来。

现在回想起来，我非常感谢自己选择了学习，让我在后续的生活与训练中，看人时不再单独看一个人，而是透过这个人看他在各系统中的关系相处模式，这样能更深入地了解一个人的身心状态。我还常常运用“理解六层次”中的“系统与身份”，理解对方的信念价值观、能力等。

对于曾经那些无法面对目标的学员们，我也终于明白了他们无法面对目标的原因。潜意识中，他们的方向，没有面向未来，而是一直在过去的系统纠缠中。在身份上，他们有着各种没有觉知的错误角色，甚至走的都不是自己的人生路，不知道在为谁活。过去学的教练方式，单纯从心智模式入手，很难完全解决问题，而如今有了系统的概念，掌握了身心语言，能更好地支持潜意识与意识来改变我们。

这些知识在亲子关系中也帮了我大忙，使我可以用孩子的语言和孩子沟通。

有一天睡前，孩子问我，爸爸怎么不回家了？我用他当时正在看的小熊绘本举例告诉他，绘本里小熊哥哥和小熊妹妹性格不同，它们玩不到一起，于是小熊哥哥去找自己的朋友玩，小熊妹妹也去找自己的朋友玩，它们分开玩耍了。我说，爸爸和妈妈玩得不开心，所以不在一起玩了。可是，爸爸和你玩得开心，他还会继续找你玩，我和你玩得也开心，我也继续和你玩。你在幼儿园会遇到自己喜欢的朋友，一起玩耍；如果合不来，你也可以选择找别人玩。孩子听完，放心地睡了。

这段话的核心意思是：亲子关系不变，父母的身份继续；孩子得到的爱不变，变的只是夫妻关系。而这些与孩子无关，不影响他。

更重要的是情绪觉知。伴侣关系真正的结束，是过去情绪的结束，悲伤、愤怒、委屈、指责等等，都结束了，如今只有轻松。孩子感受得到，所以当我解答完他的困惑，我就可以放心了。如果只是嘴上说道理，而情绪没有觉知、没有放下，孩子才会真正受影响。

后来，当不同的学员咨询我各种关于人生、职场、家庭关系的困扰时，我都让他们思考自己的目标、在系统中的身份、关系的核心，然后再去发问。基本上，他们都会在我的引导下对自己有新的觉知，能自己找到身份位置，发现相处的问题出在哪里，自己找到沟通的核心。

当人有了觉知，就不会陷入盲目的状态，情感会开始流动，改变随之发生。

这些学习过程让我明白了，为什么我曾经活在二元世界里，为什么我浑身带刺。那是小时候的我选择的防御模式，用屏蔽、对抗保护自己。可是当我渐渐长大，这些又困住了我，我对自己的情绪非常粗暴，不是压抑就是屏蔽，很难完全地柔软、放松。当我不断练习身心语言，允许所有情绪流淌时，我不断地看见我的过往经历，慢慢地一点点释放，一点点放松，一点点开怀。

觉知，是奢侈品，不是谁都有。它需要持续练习，才能无意识地运用，才能真正改变一个人的身心状态。

2023 年，在圣诞节这一天，我写下这篇文章，记录我的学习与成长，记录我从无知到觉知的过程。**祝愿每个看到这篇文章的人，都拥有觉知这件奢侈品，都能够看见真正的自己，能理解身边的人，能拥有美好的关系。**

觉知，是奢侈品，不是谁都有。它需要持续练习，才能无意识地运用，才能真正改变一个人的身心状态。

重塑身心

给对爱

■ 魏金宇

动力派 NLP 执行师

DISC 授权讲师

中科院心理咨询师

复旦大学 EMBA，曾任世界 500 强企业高管，创业 3 年，年营收 2 亿元

“80”后的我，出生在农村，妈妈说我出生的时候是中午。那是个物资不那么丰富的年代，生孩子哪会去医院，都是接生婆走乡串户帮忙接生的。着急出生的我都没有来得及等到接生婆就呱呱坠地。冬天的太阳暖烘烘地照在家里的土炕上，中午阳光刚好。时值正月，家里备了年货，是一年中物资储备最充足的时候，听妈妈说因为我的出生，把全家半年应该吃完的肉吃了一半。

我的出生只为家里带来了片刻的喜悦，接着就面临生存问题。当时过大集体的生活，每家日子过得都很紧张，过了两年多，妹妹出生了，姐姐、妹妹、我三张嘴凭空给家庭增加了很多负担，从小我记忆里最多的是爸爸妈妈为了钱而争吵。爸爸的亲叔叔婶婶没有儿女，爸爸妈妈承担了照顾他们的责任，在我的记忆中，家里做饭必须做两种：一种细面做的面条或者烙饼，这些先给叔公、叔婆吃；一种是粗粮饭，我们全家吃。偶尔有叔公、叔婆吃不完的烙饼，妈妈会分给我们三个孩子，妈妈从来不吃。剩下来的放在碗橱中，等下顿给叔公吃。**从我懂事起，有再好吃的东西给我，我都会放回去，要吃大家都吃，我不会单独享用。**

家里隔三岔五的争吵已经是常态，爸爸信奉的教育原则是“棍棒底下出孝子”，我是家里唯一的儿子，但是我没有享受到这种特殊的优待，挨揍是常事。小时候我想有一把玩具枪，我向父母提出要求的时候，他们总会用一句话怼我：“这个能当吃当喝吗？买这个有啥用？”唯独在教育上父母对我们是全力以赴地支持，他们支持每个孩子上学读书，其他的事情通常都不会支持。我的内心深处总会有个声音问：爸爸妈妈爱我吗？爸爸是最不会表达爱的一个人，时至今日他从来不会表扬我，特别是在外人面前，他从来都是打压、贬低自己的孩子。

那时候，上一个好的初中是非常难得的，很多孩子读完五年级就不再读书了，而我凭借自己的努力考上了重点中学。九月初开学的时候，因为要住校，妈妈为我准备好了行李。清晨出门的时候，村子里的人已经聚在小广场聊天了，这个时候是农民夏季难得的休息时间，地里的谷物向上生长，拔节抽穗开始灌浆，大家闲来无事开始唠家常。当我们路过广场的时候，村里的叔叔大爷们都对我投来赞赏的眼光，他们大声地对在人群中的爸爸说：“大金宇真有出息，一定是未来咱们村里走出去的大学生。”听到大家的赞美，我心里热乎乎的，心里暗自发誓：我一定要好好学习。人群中的爸爸这个时候大声地回复人们：“唉，啥大学生，将来就是放牛放羊的货。”这个刺耳的声音让我顿时充满了委屈和愤怒，眼泪哗哗地流下来。我不明白爸爸为什么这么说我，这句话一直影响我到2022年。**外表温顺、内心躁动、略带自卑的我，一定要证明给爸爸**

看，我是谁。

我和爱人是大学校友，在大四即将毕业的时候，我们确定了恋爱关系，我内心深处有个声音告诉自己，一定要找一个能够接纳和管理我暴躁情绪的人。爱人是家里的老大，她有一个妹妹和一个弟弟，她告诉我，父母对他们从不打骂，也不会吵架。她的爸爸很会持家，勤劳能干，生活富足。她的妈妈只会做饭和打麻将，而这些她的爸爸都包容允许，这正是我内心渴望的爱。

回看我的原生家庭，我看到了爸爸妈妈为操持家、处理各种矛盾无休止的争吵，甚至还大打出手。那种场面是年幼的我无法应对的恐惧，它深深地影响着我。我将自己的内心世界裹得严严实实的，很少在她面前说起我家庭的任何事情。我对爱人有个承诺，就是我要把原生家庭带给我的那些不好的东西从我这里隔绝掉，绝对不能让它影响我的家庭和孩子。

2008 年，我做了爸爸，我曾经无数次地问自己：**扮演好爸爸的角色了吗**？在儿子面前，我是羞愧的，爱儿子，我居然是蹩脚的。我开始尝试着和那些做过爸爸的朋友们交流学习，那个时候我在 500 强企业做高管，在个人的事业上升期，我几乎全身心地投在工作上，照顾孩子和家庭的事情全部交给了爱人。每天早出晚归，晚上回家的时候孩子已经睡着了，早上出门的时候他还在睡梦中。这种状态持续了三年多，维系和儿子感情的方式就是给他买喜欢的玩具车。在儿子身上我用金钱来表达对他的爱，只要我出差，一定会在当地商场买他喜欢的玩具。

改变自己是一件很难的事情。工作中的情绪我经常带到家里，原生家庭的伤时常会跳出来，我经常会像我的父亲那样摆出一张冷若冰霜的脸。儿子见到我后，就会安静很多，那是一种怕。爱人用她母性的胸怀包容着我，给我充分的理解和信任，当我发脾气的时候，爱人从不会接话茬，只有事后才轻描淡写地提醒一下我。

儿子开始上幼儿园了，我才忽然想起我小时候上学的情景。起初儿子非常抗拒上幼儿园，爱人上班走得早，送、接儿子上幼儿园都是姥姥的事情。一天早上他哭闹着不去上幼儿园，我的情绪也上来了，第一次用戒尺打了他的屁股，在我的权威下他乖乖地上幼儿园去了。这一天我过得也很焦虑，懊悔为啥打孩子呢？这一天我的工作状态很差，不断地给姥姥打电话询问儿子的上课情况，姥姥也埋怨我对孩子不应该这样，我承诺要向儿子承认错误。

这一天，我早早地回家，儿子看到我回来没有理会我，继续做自己的事情，我笑着把他抱起来，他的身体是抗拒的。我轻轻地把他放在床边，蹲下身子望着他说："还在生爸爸的气吗？爸爸错了，对不起啊，爸爸打你疼不疼？"儿子将头扭到一边，倔强地看着门外，说了一句："爷爷打你疼不疼？"这句话瞬间让我崩溃，脑海中显现的都是我儿时家庭冲突的那些画面，我本以为我会比我的父亲做得更好，但其实我在重复着我父亲对我的方式，我一直渴求父亲对我的认同，希望他能给我想要的爱。现实中，我却忽略了一个三岁孩子的内心世界是如此的丰富，这句话改变了我对儿子的认知。我看着儿子强忍泪水眼睛，给了儿子一个深深的吻，“爸爸错了，爸爸爱你”。那是我第一次也是最后一次打儿子，但是创伤在他的心里已留下烙印。

2015年，女儿出生了。儿子是那么地欢喜，努力做哥哥的样子，爱护着她。当他觉得妹妹的确不听话的时候，他就会对妹妹说：“我小时候挨过爸爸打，看来你也需要。”他也会反问我：“爸爸，你是不是该修理一下妹妹了？”妹妹听了，非常愤怒地说：“我不要挨打。”我总是用这句话回应他们的：“爸爸错了一次，不会再错第二次。我第一次做爸爸，会犯错，但现在进步了，在改变。”

2014年，工作压力使我患上了失眠症，非常恐惧夜晚的到来，持续的失眠让我几乎崩溃。我去看了精神科医生，在诊疗室医生随便问了一下就给我开了一盒药，告诉我一次吃半片，这个药对身体有伤害。躺在床上睡不着觉的我，看着小药片，心想：吃不吃呢？心里有个声音告诉我不能吃。如何让心静下来，有个好的睡眠？于是我开启了探寻之路。

我看到过这样一句话：**“不要为明天忧虑，因为明天自有明天的忧虑，一天的困难一天承受就够了。”**这句话惊醒了我，我铭记于心并付出行动，躺在床上心里不再数羊，而是默念这句话。非常神奇的事情发生了，我居然踏实地睡了一个好觉。第二天早上我还是担心晚上睡不着怎么办。上班后我把这句话写在便签上贴到电脑前面，我只要看见，有空就在草纸上写一遍。神奇的事情继续发生，我连续几天晚上都睡得很好，自此我的睡眠变好了。现在回想起来，这应该是我走上身心灵成长之路的开始。

2022 年 3 月 1 日，初识阳光小月，带着凭什么心理学＋正念冥想＋营养学，不节食、不加强运动、不用产品、线上听课照做就能轻松瘦身的疑问，我开始了身心灵成长之旅。当年我成功减重 23 斤后开始系统的学习。值得做的事都值得做好，值得做好的事都值得做开心。我寻找到了自己的热爱，做用生命影响生命的事情。在工作之余，我开始大量阅读身心灵成长类书籍，比如张德芬老师的《遇见未知的自己》，参加各种名师的读书会、学习班，努力提升自己的身心灵，这期间我拿到了中科院心理咨询师证书。我疗愈了原生家庭的伤，修复了与父母的关系，我的改变带动了全家人，爸爸妈妈互相照顾、互相理解，再现夕阳红的温馨浪漫。

真正的爱自己不是自私，而是接纳、理解、包容自己。不爱自己就不会爱别人。爱自己是一辈子的修行，我们要认识到人生有三类事情——老天的事情、别人的事情、自己的事情。人生在世，有太多的事情是我们无法掌控的，最好的态度或许就是尽人事、听天命了，把自己能够控制的部分努力做好，无法控制的部分就交给上天，内心自然也落得一个坦然与惬意。在生活中反复实修，绽放喜悦，做一个心中有爱、眼里有光、手中有法的实修者。

一切良好关系的基础是界限清晰，我消除了改变父母和孩子的想法，现在我的各种亲密关系都维持得很好。借此文复盘自己，不和别人比优秀，只和自己比成长。

一切良好关系的基础是界限清晰，我消除了改变父母和孩子的想法，现在我的各种亲密关系都维持得很好。

重塑身心，心根深系，所以更远——与NLP、徐珂老师的因缘际遇

■ 冬云

家庭教育指导师

系统动力派 NLP 执行师

青少年心理辅导师

徐珂老师嫡传弟子

DISC 授权讲师

“于千万人之中，遇见你所要遇见的人；于千万年之中，时间的无涯的荒野里，没有早一步，也没有晚一步，刚巧碰上了，那也没有别的话可说，唯有轻轻地问一声：‘噢，你也在这里吗？’”就这样，我和徐珂老师、NLP 相遇了！然后，我深入接触了邱丽芬老师、高宁老师等二十一位学习伙伴，认识了李海峰老师、劳家进老师，以及其他一些优秀的医学、心理学领域的老师，如此美好地开启了我人生的高阶智慧大门，我和我身边的人、事、物也因此越来越美好！

因缘际遇

“千呼万唤始出来，犹抱琵琶半遮面”，在之前与徐珂老师合著的《身心减负》一书中，我曾谈过与徐珂老师的相识是因情绪课与减重课的缘分。我密切关注老师的课程，当徐珂老师发出“德道弟子班”招募令时，我毫不犹豫地报了名，通过了面试等环节，在我的积极争取下最终被收入弟子班，于是，我才知道了徐珂老师有 NLP 执行师等重塑身心的课程。

2022年比较特殊，我们都很难到外地走动，于是NLP（神经语言程序学）就在我的脑海里萦绕着。2023年春暖花开的季节来临，培训即将开展，我的心如被春风拂过，我向单位领导请假，开始了期待已久的山东NLP之旅。**我知道，当我不断地学习、成长以及实践后，我也可以将我所学所长更好地服务自己以及身边更多人。**

到了山东，我积极申请参加助教团队，既欣喜也忐忑自己是否能够胜任助教的工作。但是，信念是种子，一种下就带来无限的生机，而我也知道，我即将挑战一个任务——既要完成学习，又要当好助教，同时还要完成日常的工作。我相信我都能做好！**既然选择了远方，便只顾风雨兼程，全力以赴地前进，迎接挑战。**

相见恨晚

一切皆是缘，我们相聚在山东，我与伙伴们结下了深深的缘分！来之前，我就有点好奇，山东这家医院听说是心理服务医院，医生们竟然还需要学习NLP课程。虽未曾见面，但我对医生们已经佩服得五体投地了！哈哈，我可以一边跟徐珂老师学习，一边跟心理医生学习，那我这次的学习之旅定会收获颇丰。经过两期课程的相处，我和医生们相见恨晚，了解越来越深。

心有所期，忙而不茫。二阶学习中，我们都看到自己和对方的变化。人有静气，便无俗情，我们心无旁骛，在徐珂老师的课堂内外学习、觉察、看见。每天，我总在盘点所学所做，也总会想起《论语·里仁》中的“朝闻道，夕死可矣”：为了追求道，哪怕皓首白头，穷究一生，也在所不惜；今日悟道，昨日已像东逝水。每一天我都有新知，对于做事，我以“有效果比有道理更重要”“凡事必有至少三种以上解决办法”为指导去梳理问题、处理问题；对于过去的不足以及内心的纠缠等，我以“假如没有从中学到，失败仍是失败之母”“每个人都做到了当下他能做到的最好”为指导；对于未来的目标，我以“值得做的都值得做好，值得做好的都值得做得开心”为指导去实践。在不断学习与刻意练习后，今日的我犹如凤凰涅槃，带着觉察、求知和实践，不断重塑我大脑里的神经网络，去应对每一天的各种挑战。

是的，NLP 学问就像太阳、海洋中的灯塔，抑或暗夜中的星辰，照亮了我们前行的路！

水乳交融

回顾山东的学习时光，闭上眼睛，我就想起了第一期第一天下课后见到 YY 的情景，NLP 十二条前提假设她已倒背如流。YY 老师这份对 NLP 学问天真的、执着的热爱深深地感染了我。自从学习后，YY 老师每天都会拿着小镜子照照自己，有时出门，也会拍张美照分享。她告诉我她发现自己越来越好看！对老公、孩子，她也越看越舒服，越来越爱！我看着她，真的觉得她的美不是为了取悦任何人。我非常喜欢 YY 老师的这种生活状态，当然，在学习实践打卡中，我也拥有了和她一样的美的能力！

哈哈，这时候，C 梅老师出现了。我看到她的时候，她正和 YY 老师坐在一起。我微笑着请她做自我介绍。C 梅，我的脑中出现了冬日丛丛的梅花图景，细看她，五官精致，就是个美人儿。交流时，才知道 C 梅老师有个上初中的儿子，哇，山东好养人！C 梅老师既是医院护理人员，又承担管理工作。她每次小组交流的时候，眼神坚定，表达清晰，妥妥的睿智的美女护士。在分享觉察作业的时候，C 梅老师多次欣喜地分享自己被患者家属表扬，NLP 理念在她的实际工作和生活中运用有很好的效果。这份喜悦感染了我们！

“不好意思，我刚下班，幸好没迟到！”刚结束一宿夜班工作的 ZY 医生，心急火燎地赶到课堂。对徐珂老师学问的认同与热爱、和伙伴一起学习的美好体验让她忘记了一夜工作的疲惫，硬是赶到了课堂。没想到的是，和 ZY 医生同样情况的学员还不少，徐珂老师的伙伴邱丽芬老师好像已经见怪不怪，早已为他们的这种勤奋好学准备好了奖励的礼物！**这个奖励的行为我也学习到了，当所做的事不断被肯定，获得认可，大脑就能产生内啡肽等积极的神经递质，大脑潜意识就愿意做这件事，最终你就能收获自信！**

还未学到第三期，ZY 医生就和我侃侃聊着：“第一期我学到了很多，最让我受益的是情绪管理。之前我一直在人、事、物上消耗自己，比如老公让我把东西用完放回原处，我会很生气，认为他对我有不满，不如结婚之前爱我了，总看我的缺点，对我挑三拣四。我越想越气，觉得他婚后变挑剔了。我给他白眼，说：‘哼，我就这样，我就愿意这样，我能找到就行！’天啊，在我学习徐珂老师讲的NLP课程以后，我的信念完全改变了——我老公关注我，眼里有我，想让我的生活更有秩序感，让我的生活井井有条。我是很幸福的人，我的选择没错。而且我还说，‘好的，老公，你说得没错，我会放好的’。情绪很平静且愉悦。我好像换了一个大脑，让我开心积极的大脑！”

仅仅几天的课程就让我们的情绪变得平稳，内心变得柔软，这些就是我们内心的声音。我们不断重塑了自我的内心世界，在思想、心态及行为上有了很大改变，我们的家人、同事等都说我们的变化太大了，我们是最大受益者。这样的学习太值了！

我还要提提L老师，一个看起来腼腆的姑娘，却是一个小学生的妈妈了。她说学习之后改变最大的是亲子关系。没学习之前对孩子的学习很焦虑，担心她学不好，比别人差，所以不管孩子喜不喜欢，她都把平时自己舍不得花的钱给孩子报各种补习班，不想让孩子输在起跑线上。听了徐珂老师的课后，她明白只有自己活好，才能成为孩子的榜样，同时给孩子更多的选择，让孩子知道凡事至少有三个解决办法；对孩子做得好的地方多给予肯定，也教孩子学会肯定自己，三个月的觉察、训练后，孩子变得自信自爱。在沟通交流上，她从非常腼腆、不善言谈，想向周围的人表达自己的想法或者谢意都不好意思的人，到开始突破自己，主动和周围的人打招呼，得到的回应令她倍感喜悦。她还用 NLP 的很多理念和技巧，解决了她在工作中有时候因为无力解决病人的疾病痛苦而陷入自责的问题。在徐珂老师的指导下，我们也明白了有些事情我们是无能为力的，尽职尽责，接受，守好界限，才能轻松快乐地生活，也才能为更多的人服务。

"成长是很奢侈的，却也是最一本万利的。"重塑身心，心根深系，所以更远。宇宙山河浪漫，生活点滴温暖，都值得我们前进！

一程山水一年华，再次感谢与徐珂老师、NLP 伙伴们的相遇！

此去经年，祝我们一生坦荡，一生纯善。

重塑身心，心根深系，所以更远。宇宙山河浪漫，生活点滴温暖，都值得我们前进！

第四章

为爆发而搏

十年，NLP 让我获得重生——重启职场和重塑身心

■ 阳光小月

心理学减重导师

“心轻松”心理创始人

英国班戈大学正念师资

5 年开办 30 期线上“心轻松”减重营，帮助 1000 多人健康轻松瘦身

引子：十年蜕变

2014 年 8 月的一天，她在一座四线城市的银行领取第一笔失业金。看着门外的车水马龙，她不知道自己要去哪里，反正不用去上班，多的是时间。**她，是一位失业者。**

2023 年 12 月 24 日，她欣喜乔迁南京第二核心商圈的精装公寓。平安夜，在新入驻的"心轻松"心理咨询服务中心，她打开电脑，写下一个标题"十年，NLP 让我获得重生"。**她，是一位创业者。**

如同一部电影的开篇和结局，影片中的主角就是我——阳光小月。10 年，从 0 到 1，她实现了自己心中的梦想，活成了自己喜欢的样子。

拥有心理学减重导师、DISC 授权讲师等 20 个身份。创办"心轻松"品牌，在两座城市拥有属于自己的心理咨询中心，是"张德芬空间"城市合伙人、2 家大型心理咨询机构专家心理咨询师、世界 500 强公司 EAP 咨询师，深受来访者好评。

在喜马拉雅电台开办"阳光小月心生命"电台，粉丝 5.8 万人，读书节目《一切都是最好的安排》收听达 439 万人次。

开办了 30 期“心轻松”健康减重营，帮助 1000 多位朋友轻松健康瘦身。

2024 年创办“阳光小月心生命私塾”，陪伴有缘人在瘦身、读书、正念、咨询、创富方面一站式实修。

缘起：至暗时刻

如果没有从失败中吸取教训，失败只会成为失败之母

2011 年，应南大 MBA 班同学的邀请，我辞去了国有企业的高管职位，放弃董事会股份，来到一家民营企业做 HR 总监。8 个月时间，我从 HR 总监做到公司副总经理，公司也乔迁扩大，团队和谐。然而，人生就像一场戏，没有彩排，每天都是现场直播。

3 年后的 2014 年 6 月，我莫名地被授权处理公司一切事务，这时我才知道公司出事了，资金链断裂。当我知道自己面临失业，还要处理员工安置和公司善后事务时，我感觉头顶一片乌云，那是一个晦暗的夏天。

当我把员工全部安置后，我也成为失业人员。从第一次放弃股份辞职到第二次失业，经济上的损失和精神上的挫折，给我带来

心理上的巨大压力。

当时的我不敢和父母说，怕他们担心责怪，好好的国企高管不做，辞职，却落得失业的结局；不敢和女儿说，不想给她的备考增加心理压力。

残酷的现实是，我已经 41 岁了，属于职场上的高龄。坐在家中客厅，看着落地窗外的蓝天白云，我盘点着自己拥有的资源，下一步要往哪里走。

换框：归零重启

凡事必有至少三个解决办法

一个偶然的机会，我看见了 NLP 执行师课程的学习信息，同时也看见了瑜伽教练培训的信息，时间重合在一起。经过深思熟虑，我选择了学习 NLP，因为我需要先疗愈心。在 NLP 执行师的课堂上，我的心一次次被唤醒。

“没有挫败，只有回应讯息。”在职场的天空中，挫败感就像一团乌云，时不时笼罩在心头。我们也有这种体验：乌云之上的天空永远是湛蓝湛蓝的。乌云也许会停留一段时间，甚至遮住太阳，但乌云不会改变天空纯净的本质。

乌云也许会停留一段时间，甚至遮住太阳，但乌云不会改变天空纯净的本质。

意义换框法告诉我们每一个负面事件背后都有其正面的意义和价值。我看见了职场低谷事件背后的正面意义：

被动失业，让我有重新选择的机会，而不是在一家小公司做到退休；

失业 50 天，让我难得有连贯的时间陪伴家人；

经历痛苦，让我有向内探索的动力，成为 NLP 执行师，并开始深入学习心理学。

境随心转，我在几家公司的 offer 中，选择了一家公司。

启程：重塑心身

动机和情绪总不会错，只是行为没有效果

2017 年底，在外企做人力资源总监的我因为工作压力，身体健康受到影响。彷徨中，我看见一场 NLP 大会的信息，李中莹老师会到现场。我和先生说，我想去学习。他说，你去吧。感恩！

2017 年 12 月 24 日，在杭州，我度过了一个特别有意义的平安夜。学习 NLP 3 年多，第一次零距离地聆听李中莹老师智慧的演讲和答疑，与“中国 NLP 之父”进行精神交流。

“生命本来就是变化和发展的，无论遇到什么挫折和痛苦，总

是向前!”给了我莫大的鼓舞。

大会上,靓丽而智慧的徐珂老师吸引了我的目光,我报名了徐珂老师的女性能量工作坊。

因为一次骨折养伤和工作压力大,我用食物养生和减压,我的体重从标准的 110 斤长到了 125 斤。我尝试用各种方法减肥,动机和情绪都没有错,只是行为没有效果,减肥没有成功。

2018 年 3 月,徐珂老师在女性能量工作坊中说到关于减肥的话题,后来我才知道,正是那年 4 月,徐珂老师开发了“珂轻松 42 天减重营”的版权课。

2019 年元月,我看到自己讲课时的一张相片,完全没有讲师的优雅,太胖了,我下定决心要减肥。恰巧,我在徐珂老师的朋友圈看到了珂轻松减重训练营的消息,抱着试试看的心态我报名参加了,只是线上听课,半个月我就减了 7 斤,我完全相信了。

42 天体验,我轻松减重 12 斤,第 60 天时,减重 15 斤,体脂秤显示我身体的各项指标全部达标,去医院体检指标也合格。减重后,我身体轻盈、精力充沛,仿佛重回 10 多年前的感觉。结营后,我想吃就吃,想减就减,直到 5 年后的今天,我依然保持着标准的身材。

我想把轻松健康的心理学减重方法分享给大家,让更多的朋友受益,于是我参加了徐珂老师的减重导师班。获得国家版权课程授权后,2019 年 10 月,我开办了“心轻松”健康减重营。

使命：影响生命

值得做的都值得做好，值得做好的都值得做开心

NLP 是神经语言程序学，心理学减重微课运用的正是 NLP 的一些技巧和正念觉察，效果来自改变脑神经网络，用“脑”吃饭，用“心”减重。

很多营员经历怀疑—相信—执行—享受的过程。通过 42 天听课和训练才知道，原来，所谓的管不住嘴，是因为我们吃的行为和情绪有关，开心想吃，不开心也想吃。

心理学减重是从心出发，先调情绪、调思维，再调饮食，培育觉察的能力，无须外力，让自己有想吃就吃、想减就减的能力。很多营员不仅减到理想的体重，结营后也不反弹，身材保持良好，亚健康状况得到改善，心情愉悦，气色变好。

5 年来，总冠军已经减重 60 斤。两期减了 37 斤的一位营员说：“看到体脂秤上变好的数据，身体年龄从 59 岁回到自己的实际年龄 30 岁出头，心里有想哭的冲动。小月老师，如果没有遇见你，我到现在还会是一个胖子，还在为减肥而苦恼。短短 3 个月的时间，我从一个结实的大胖子，变成了身材匀称的人，觉得太不可思

议了。以前通过跑步、晚上不吃饭等方式尝试减重，11 年了，没有一次成功。谁曾想到，我会遇见您，是您教会了我心理减重的方法，让我把不可能变成了可能，让我不再是一个胖子，身体各项指标也越来越好。对您的感激之情我无以言表，我太开心了。”

营员的一次次积极反馈激励着我，成为我坚持的动力，我用心做好课程、督导、陪伴，给营员们带来超值体验。一件事情，用心且持续地做，就会发现不同寻常的意义！我越来越能体会徐珂老师的这句话：“当越来越多的朋友因此健康、有效、轻松、愉快地减重成功，身体健康指标提升、减少疾病风险时，我的生命也有了更大的意义……”

我开办“心轻松”减重营，从当初的兴趣使然，到现在越来越有一种使命感，我希望让更多的朋友免受花很多钱、花大力气减肥还容易反弹的减肥之痛！

因为心理学减重结缘，一些伙伴开始走上心理学之路。如企业家行者，参加“心轻松”减重营减了 23 斤，开始参加读书会、学习心理课、练习正念，一年多来，他取得了中科院心理咨询师、NLP 执行师等资质，并成为“心轻松”成长俱乐部合伙人和我们一起赋能他人。

人生是从此时此刻到未来！ NLP 让我获得两次重生，现在的我，是一名自由创业者、心理咨询师和心身创富导师。我将用长期主义用心陪伴有缘人，在做好心理咨询的同时，和学员一起读书、瘦身、正念实修，将所有导师的大爱、家人朋友的支持和伙伴的信任化为动力，成为一束光，活出自己，赋能他人，用生命影响生命，和学员一起拥有轻松、满足、成功、快乐的人生！感恩所有的遇见！

回归教育的本质，激发生命的潜能

■ 杨玲

心理咨询师培育导师

校园危机干预实操专家

专注解决青少年养育疑难问题

已向 5000 人提供心理辅导，家长课堂累计 3000 人参加，个案辅导时长累计达 2000 多个小时

我出生在一个风景秀丽的陕南小山村，水土养人，每家老人80多岁依然能干农活。你可能想不到作为乖乖女的我小时候是村里的孩子王。我的爸爸是一名医生，我经常听他讲救人的故事。或许你们在电视里看过背着医药箱下乡、穿着白大褂的乡村医生，无论刮风下雨，只要有人需要看病，他们就出诊，这就是爸爸留给我的最伟岸的形象。

在那个重男轻女的时代，从小妈妈就告诉我："你要努力学习，你要比男孩子强，你一定要给妈妈争气。"**于是，对我而言，学习成了我童年最重要的事。**

7岁时，我就离开了那个美丽的小山村，满山遍野撒开脚丫子乱跑的野丫头跟着爸爸到了单位。妈妈做生意，妹妹长得漂亮，学习又好，我也成了同龄孩子中最幸福的孩子，穿着当下最流行的衣服，扎着大辫子。

听话懂事的乖乖女，除了学习，还爱上了看书，爱上了张爱玲。超强的妈妈就像有三头六臂，除了照顾我们，还要照顾三个老人，做生意时候像个男人，而给我们做的衣服却比买的都美丽时尚。11岁时，我吃到以前没有吃过的香蕉，那黄灿灿、冰冰凉的外皮，软糯香甜的口感至今让我记忆犹新，从此我再没有吃过那么香甜的香蕉。在妈妈身上我看到了张爱玲所说的“女人不要成为别人的附属品，要学会独立，独立到谁也翻腾不了你的人生，活成自己的女王”。

我也想成为作家，还去研究到底萧红更好，还是张爱玲更好。相比萧红的烈，我更喜欢张爱玲的聪明决绝以及她对未来的期待。

命运是旋转的车轮，未曾想20多年前那个快乐无忧地沉醉在张爱玲文字当中的女孩，也鬼使神差地有了与张爱玲类似的跌宕起伏的人生……

很多人都说，从小疾病缠身，多次从鬼门关闯过来，长大后一定会有福气。

而我也误以为我的人生或许就会一帆风顺，我的人生或许注定会幸福甜蜜。我就像生活在爸妈用爱编织出来的梦幻泡泡中，不谙世事，孤傲而自由……

大学时我谈起了恋爱，我把全部的感情都投到了这份爱情之中，满心欢喜准备毕业结婚的时候，却也没有逃过毕业即分手的结局。

经历人生第一次挫折的我在北京不足10平方米的地下室昏昏沉沉地睡了一周。睡梦中，我看见了一束光，所有的过往都成了舞台上的话剧，而我就是那个时而在舞台中央，时而在看台，时而置身事外的人。我从梦中瞬间清醒，看清真相的我，哭了一夜，第二天从地下室搬了出来，与过去彻底告别，也在 22 岁那年学会了要自立自强。

自此，我清楚地知道我想要什么——我想要出人头地，我想要争口气。我报考了北京师范大学的研究生自考，开启了一天做两份工作的“拼命三娘”模式。我发现妈妈的影响就是那么大，我和她一样能干，一样不怕吃苦。

说到这里，你可能以为我已经走出来了，要开启我的幸福人生了吗？

人生中要完成的那个任务还没有完成，它又岂会轻易放手？

随着年龄日渐增长，催婚成了常态，学校单一的工作环境使相亲成了必经之路。

而我的人生也因为相亲有了戏剧性的发展。我和对象一起做起了生意，一年来走遍大江南北。随着结婚提上日程，基于稳定的考虑，我们注册了房地产公司。

结婚后刚开始我们相敬如宾，分享喜怒哀乐，但随着财富日渐增长，应酬越来越多，我们之间的话题越来越少。一切就如电视剧剧情一样，渐渐不参与公司业务的我因为怀孕而回归家庭，住别墅、开豪车，家庭和睦而幸福。

都说孩子是天使，因为孩子，这份被命运眷顾的好运总在无形之中指引着我的脚步。从胎教我就开始学习各种育儿知识，学习与孩子相关的一切，挺着大肚子去参加心理咨询师二级考试。而学到的知识也被我如数家珍地用到了孩子身上，但随着孩子年龄的增长，这些知识好像对他不起作用了。输出倒逼输入，我开始如饥似渴地学习，奔赴广州、深圳、上海……学习正面管教，学习阿德勒，学习礼仪文化，学习戏剧演出，学习 NLP，学习绘画心理，学习小物件疗法……家人以为我误入了传销组织。面对误解，我不再解释，因为在那个时候，身边还没有什么人学习心理学。

通过学习，我明白了一个道理：没有两个人是一样的，一个人不能改变另一个人。于是，我和老公的相处模式变成了尊重和不干涉。我开办了工作室，分享家长课堂，不断地磨课，乐此不疲地在社区办公益讲座，参加国际论坛，学习先进的理念，把心理学带进学校的课堂。

我相信这是值得我做的事情，值得做的事情就值得做好，我也乐在其中。

伴随着老二的出生，生活其实在悄悄地发生变化，而我毫无觉察。闲言碎语，时常飘到耳边，而我更多的是选择相信那个在外奔波、为了我付出一切的男人，我相信他任何时候都不会弃我与孩子于不顾。

生活再次狠狠地把我踩到泥里，甚至不给我半点喘息机会。他失联失踪，杳无音讯，再次见到他的时候，他已经准备好离婚协议书。政策的调整、小人的欺骗使他破产了，几千万的资产也被他消耗殆尽，而我毫无察觉……

看着嗷嗷待哺的弟弟、不到三岁的哥哥，以及无法接受的失败，我陷入巨大的悲痛中不可自拔，我无法忍受看见两个孩子清澈的眼睛，听见他们清脆的笑声。

可我内心深处明白，我无法不管他们，我既然给了他们生命，至少要养育他们长大成人。我变卖了仅有的学区房，替他还了最后一笔高利贷，身无分文地带着孩子，一年搬家数次。

此时，我多么庆幸因为我的孩子，我学习了心理学，否则我遭遇如此大的变故，可能会有截然不同的结局。

那段黑暗岁月最艰难的前三年，老二要母乳喂养，妈妈要照顾我的妹妹，我们一年换了七个保姆，保姆看到我的俩孩子都会被吓跑。由于不能照顾哥哥，我送他去了幼儿园，他每天哭半天，连续哭了一周，第二周开始感冒，接着弟弟也跟着感冒。带孩子去医院看病，推车推着一个，怀里抱着一个。那时候仿佛化身超人的我也有无能为力的时候，当带着老大从医生办公室出来，看着老二被保姆倒提着时，我的心在滴血，但也要忍着愤怒，请求她帮我把孩子送回家。什么都不怕的我，也会因为送完老大回来，看到老二屁股被掐紫而痛哭流涕。中间几年因为有我妈帮忙，才稍微好过一些。

我一直相信，任何事情、经历都是有意义和价值的。孩子们让我发现，原来我是如此的坚强，他们既成为我的软肋，也成为我的铠甲。随着他们越来越大，我的妈妈也来帮我带孩子，让我可以有足够的时间去做我的工作。妈妈一辈子命苦，现在她和我住在一起，让我对她多了一份感情，想更好地照顾她的身体和日常生活。

见过了风花雪月，体验过了豪宅香车，纵观起起伏伏的人生四十载，对于心理学，我似乎有了更加深刻的理解。

怎样才算是成长？当我终于敢正视自己过往的时候，当我坦然地告诉孩子真相的时候，当我从来不在孩子面前说一句他爸爸的坏话的时候，当我愿意更坦然地面对自己的时候，当我更多地接纳孩子的时候……我看到了那个成长的自己。

在无形中，在践行中，在陪伴孩子成长的过程中，我坚持做自己热爱的事，坚持分享，坚持深耕心理学后现代疗法、小物件咨询培训，带领着 200 多人的团队。五年来，我走进几十所学校，普及心理健康知识，坚持做家校共育的工作，影响近五万名中小学生，培训家长与教师近万名，做一对一个案咨询数千个小时。

越来越多青少年出现状况，越来越多家长焦虑，让我深感担子的沉重。很多人还未意识到孩子的需求从过去只追求吃、穿、用，到随着社会的发展有了更多情感层面的需求。然而，这部分需求很多家长自己都没有得到满足，又如何能给到孩子呢？如何给是我们身为父母必须学习的技能，而我正在这条路上坚定不移地前行。

通过更深入地研习 NLP，更好地理解 NLP 的“理解六层次”，我也更懂人性的规律了。我的职业梦想有了更深层次的追求，我看到了我的使命：走进生命历程，用生命唤醒生命，做生命的关怀者。

走进生命历程，用生命唤醒生命，做生命的关怀者。

这种使命，让某种信念扎根于我的心中，它像指引灯一样，守护我的人生。**我愿与有此信仰者一起回归教育的本质，激发生命的潜能，陪伴引领我的会员拥有轻松幸福的人生。**

风雨兼程中的苦与甜

■ 杨倩

公共管理硕士(MPA)、会计师

系统动力派 NLP 执行师导师

DISC 授权讲师

女性能量工作坊导师

“理解六层次个案工作坊”版权课授权导师

十多年前的援藏工作经历使我难忘，现在回想起来依然感触颇多。虽然已离开工作、生活了三十七个月的美丽神奇的西藏，但只要想起那里，我心里依然感到亲切和温暖，对那里还有一份难以割舍的情感。

我大学毕业就分配到机关单位工作。我在一个古都长大、求学、工作、成家，人生的轨迹在别人看来是顺遂幸运的。2007 年，知道要遴选一批干部援藏时，我就动了心思：**一个人长时间在一个环境中待着会变得安逸，为啥不能改变一下自己呢？**我做了决定：参加援藏。可这个事不是我一个人的事，询问老公、家人的意见，虽然他们多少都有点担心，但我的坚持和保证照顾好自己的承诺，还是让他们最终选择了支持。我当时只是想换个环境，去最艰苦的地方磨炼一下，让自己有所成长。我有幸成为当时援藏干部中唯一的女性。

清晰地记得夏日清晨离开时，四岁女儿抱着我的不舍，在机场和家人、同事一一告别，飞机盘桓在青藏高原上空，第一次看到清澈的拉萨河，还有下了飞机极具民族特色的欢迎仪式，一切都是很美好的样子。离开拉萨前往援藏驻地要行进近 1700 公里，浩浩荡荡的车队跑了三天才到那里。没有踏足高原的我第一次穿越高原草甸，远远地眺望珠穆朗玛峰、希夏邦马峰，沿途随着海拔的升高，植被也渐渐稀疏；第一次看到高原湖泊佩枯措，真的被那抹碧蓝震撼了，而后在平均海拔4500米的地方，看到了更多更美的湖、更多更特别的山。**那里真的是眼睛在天堂，身体在地狱。**

在陌生的工作生活环境中，照顾好自己的身体是必须的。三年里，与我同行的战友都生过病、打过点滴，我是唯一一个没有打过点滴的。从繁华的都市到人烟稀少的少数民族地区工作，对没有基层工作经历的我来说是极大挑战，第一件事就是刚到时因为受援单位安排的宿舍住宿条件不好，我向上级反映了这个情况，在地区大会上领导批评了我们单位。当时单位领导外出不在，我们相熟之后，他说单位尽力了，却因为我的挑剔被点名批评，他心里很不舒服，所以刚开始他觉得我挺多事的。随着和单位领导、同事不断地接触相处，我用心与当地干部群众搞好关系，遇事多和他们商量，不了解的情况就多问、多请教，用了差不多大半年，大家对我这只“候鸟”的看法就改变了许多。他们愿意和我在一起聊天、聊工作，有什么事情也愿意把我当朋友倾诉。在工作中我们是伙伴，在生活中我们是朋友，大家经常一起过林卡、聚餐、品茶对弈，现在我还经常回想起那段愉快的时光。援藏结束离开后我曾经跟随援藏培训团重返故地，巧遇各县局同志在地区开会，好多认识的人相遇时的那份惊喜和开心仍历历在目。现在我还和当地很多同事、干部保持着联系，珍藏着离开时在县上工作的同事送我的那条金色哈达，后来知道金色代表的是土地，他们是想让我永远记得这片热土啊！

援藏工作使我真切地体会到了国家利益高于一切的深刻内涵。记得站在中印边境线上，清晰可见印度军人持枪荷弹对着我们的祖国，我站在那里，和身边的边防武警战士一样，心里那份捍卫祖国领土的情感油然而生。援藏工作也使我真切地体会到了中华民族藏汉之间的亲情。援藏工作虽然艰苦，但可参与当地民族团结、边疆稳定和社会发展的事业，所有的付出都是值得的。这不是大话，是我在那里三年的真情实感。我在西藏深刻体会到汉族离不开藏族、藏族离不开汉族，就像在那儿学会的一首歌《一个妈妈的女儿》唱的那样："太阳和月亮是一个妈妈的女儿，它们的妈妈叫光明；藏族和汉族是一个妈妈的女儿，我们的妈妈叫中国。"援藏工作还使我真切地体会到了社会经济发展带给西藏的变化。三年里，我们经历了北京奥运会、建国六十周年大庆等诸多大事，亲身感受到当地各项建设事业取得的巨大成就，这是对自己付出的最大回报。

通过与当地干部相处，我深切地感受到人与人之间的质朴、真诚与热情，他们每个人都以自己独有的方式付出着：家中的子女长期由老人照顾，回去孩子见到他们连爸爸妈妈都不叫，好不容易与孩子熟悉了，假期结束又要返岗工作了；好多藏族干部也不是本地援藏工作虽然艰苦，但可参与当地民族团结、边疆稳定和社会发展的事业，所有的付出都是值得的。

人，也一样与家人远隔千里，到了冬季休假高峰，往往是藏族同事坚守岗位，让我们援藏和汉族的同志先休假……这些点滴都深深地印在我的心里。这里虽然被人们称为“生命禁地”，但放眼几百公里广袤的高原、湛蓝的天空，让人心胸宽广，心灵受到震撼，我深深地爱上了这片土地；在这样的工作生活环境中，我被大家吃苦耐劳、无私奉献的精神深深地打动，我更爱上了这里的人。世界屋脊的工作经历，在我的生命中留下了闪亮的轨迹，这笔宝贵的财富让我在之后的工作生活中变得更加沉稳、坚韧。

在藏生活，角色的转换让我得到成长。我工作的地区算是国内最偏远和相对落后的地区，夏天含氧量最高不到60%。援藏期间，通往工作驻地的国道一直在修路，曾有战友的同事问他过来需要带什么，战友告诉他们要带好屁股，这些人刚开始有点懵，等到了之后才颇有感慨地说确实要有个好屁股，那“搓板路”把人都颠到快散架。当年的生活条件十分艰苦，对一个女人来说要面对更多的困难和挑战，既要面对气候的恶劣和交通上的不便，还要面对这一特殊的环境里缺水、停电这些家常便饭的事。工作的前两年，我住的宿舍没有自来水和卫生间，特别是冬天，三天供一次自来水，需要自己用水桶一桶一桶提回宿舍，装满蓄水桶，保证之后几天的生活用水；解决内急问题刚开始还觉得不好意思，后来买了尿盆每天早早去倒；晚上停电时点一根蜡烛，可以燃烧一晚；冬天学会了劈柴生火、生炉子取暖，这些经历都是对我的磨炼。除了这些，最难过的一关就是思念之苦。离开家时女儿刚满四岁，孩子有时生病，电话里一句“妈妈，你快点回来吧”让愧疚的我泪如雨下。每每和家人用电脑视频，看到父母鬓角的白发和牵挂的眼神，我对不能在他们身边尽孝感到惭愧。家人到西藏探亲时，我带着他们感受拉萨的神奇风光和民族风情，家人觉得这里远没有我说的那么好，所以不管家人如何游说，我都没带他们到受援地去看，怕他们对我更担心。直到现在女儿说起这段经历还会说我欠她，是啊，三年我没有陪伴女儿成长是对她永远的亏欠，可也正是如此才让她学会了独立。我想说，感谢那段时间关心爱护我的同事、援藏的战友和家人们，你们的支持理解是我最坚强的后盾。

美丽中国，风景如画。只要领略过西藏美景的人，大多都会魂牵梦绕，心心念念。西藏，我的第二故乡，吟一阕《如梦令》以寄往昔：**“莫说此地荒芜，同样神圣国土。山宗水源处，宝藏蕴含无数。忆乎，忆乎，无悔三年艰苦。”**

一切经历都是智慧的礼物

■ 大娟

“生命彩虹”系统联合创始人、总经理

世界500强企业品牌顾问、品牌架构师

企业系统整合排列师

过去最牛的事情

学业：从黄土高原考入同济大学

1990 年，我出生在黄土高原的一个小山村，因为我是超生二胎，所以和爷爷奶奶生活，后来爸妈想尽办法接我去太原，我才有机会在城市接受教育。我小学前两年成绩平平，三年级时被一位新来的老师鼓励，突然感受到被认可的喜悦，开始好好学习，六年级时已逆袭成为全校第一。

我初中成绩年级前十，也因此进入了人才济济的省重点高中，但成绩中等偏下。后来我对高考成绩不满意，决定离开省重点高中，回到老家的小县城复读。一年后我夺得了县状元，考入了同济大学。

小家：和校园恋人成为人生伴侣

进入同济大学后，我暗恋我们班的一个男生，大二时跟他表白了。嘿！他居然还接受了。大学四年朝夕相处，本科毕业后我来杭州工作，他留校读研，我们异地恋三年。终于等到他毕业来杭州，他又被公司派去了云南。

所以，至今算下来，我们相识十三年，相恋十二年（其中异地四年），中途还经历了许多波折考验。2021 年，我们举办婚礼，步入婚姻殿堂，成为夫妻。

大家：带着家人定居美丽杭州

2014 年毕业时，我很笃定要让自己在杭州活下来、扎根下来，未来把家人接到杭州。

2016 年，毕业仅仅两年的我，揣着仅有的五万元积蓄，想尽办法在杭州买下了第一套房；2017 年，我把家人（爸妈、哥嫂、侄女）接来杭州，提前办好侄女在杭州的上学手续；2019 年，和老公买了第二套房；2020 年，支持家人买了第三套房，并迎接侄子出生；2021 年，把瘫痪在床的爷爷和腿脚不便的奶奶接来杭州一起照顾；2023 年，送爷爷奶奶回老家，几个月后，爷爷在老家炕上安详离世。

带家人定居美丽的杭州，这确实是我过去三十年最有成就感的事：爸妈不再辗转工地四处求生，哥嫂以及他们的孩子得到了照顾，爷爷奶奶也在有生之年来过念叨一生的人间天堂杭州，享受四世同堂的天伦之乐。

事业：在世界五百强企业内创业

没错，在公司上班时，我就是一名创业型员工。2020—2022年，我在房地产企业自下而上推动建立“野孩子”亲子社群实现职业转型。

线下大自然亲子活动、线上新媒体营销策划、小程序开发、文创周边开发、社群运营等，我有了大量实战经验，影响从杭州遍及其他城市，获得了总裁亲授的“全国奋斗者”最高荣誉。

最近几年，房地产公司频繁裁员，感恩我的公司没有裁我，但我主动裸辞了。

为什么？2022年7月，我曾怀过一个宝宝，孕六周时胎停了，那一刻，一股莫名强烈的动力推动着我——我要离职，我要自由。**命运的齿轮开始转动，我走上了创业之路。**

现在最重要的认知

以上四件事，我以前经常和身边的朋友聊起，大家都觉得我很厉害，同时又很辛苦。现在，当我开始写人生的第一本书时，我才觉察到一切经历都是礼物，都在帮助我开启生命智慧。

我想把这四段经历对应的四份礼物，分享给此刻正在阅读这本书的你。

学业之礼：这世上本无对错标准

求学多年，考试频繁，我永远都在追求对错标准。我害怕自己是错的，害怕跟别人不一样。偶尔，我会成为老师判笔下的少数正确者，但我总觉得自己是碰巧蒙对的，那种跟大家不一样的不安感越发强烈——下一次怎么办？下一次我还能蒙对吗？

读到这里，你应该能感受到我曾经的焦虑与不安。没错，大四那年考研，我就是这么彻彻底底落榜的，焦虑至极，抑郁而不自知。工作这么多年来，我都在找答案、找标准、求认同。

2023 年 8 月，爷爷离世，悲伤到哭不出来的我，开始思考生命的缘起缘落，走上了修心之路——学习《道德经》、系统动力、生命求学多年，考试频繁，我永远都在追求对错标准。我害怕自己是错的，害怕跟别人不一样。

智慧、禅修、NLP 等等。

我发现，很多对错标准都是我们内心对自己的评判与束缚，甚至自以为是地把这种非黑即白、二元对立的牢笼强加在周围人身上，在评判他人、束缚他人的同时，也给自己打造了更重的枷锁。

尽管如此，我丝毫不后悔十八年来的寒窗苦读，这都是我生命的礼物，助我修炼。

小家之礼：夫妻双修，让爱洒满人间

恋爱十二年来，我一直缺乏安全感。

2012 年的表白真的是不小心，在那之前从没打算表白，因为我觉得自己配不上他；2013 年决定考研，依旧是因为自卑——他保研了，而我只是个本科；2014 年考研失败，我决定逃离上海，只身一人来杭州，我对他说分手，他却平静地回了我一句："你先去，三年后我来找你。"果然，三年后，他来到杭州，和我一起白手起家。

然而，这么多爱的感动与执着，依然改变不了我的执念。

2022 年底裸辞时，我很焦虑，我不知道创业该走哪个方向，我害怕他觉得我无所事事。在搞事业和干家务之间，我果断选择了搞事业，搞得风生水起，但我很少能看到他的笑容。

直到 2023 年 11 月，我决定不上闹钟、不刻意早起、不刻意给他做早餐，而是睡到自然醒时，他竟露出了灿烂的笑容，他说："你终于知道要好好善待自己的身体了。"那一刻，我欣喜若狂，大彻大悟。

我悟到了什么？

十二年来，我一直用"学历高度""事业高度"给自己设限，总觉得一高一低的两个人很难走到一起，所以拼命地努力。但亲密关系的本质是我们找到了一个伴共修生命课题，他的存在，就是给我一个机会对另外一个生命接纳与包容；当我们双方互相影响、共修习得后，便可以将这样的能量传递给后代。

大家之礼：放下小爱，拾起大爱

很多人称赞我，一个"90后"女孩子怎么会有这么大的能量，把一家人照顾得如此好！

确实，毕业前八年，我几乎都在为家族谋生，一度觉得自己还没准备好生宝宝，一度觉得卡里的钱都不是自己的钱，是留给家人的保障。万一父母有需要，万一弱势的哥嫂有需要，甚至他们的孩子有需要，我就是那个心甘情愿兜底的"大家长"。

学习了系统动力后，我发现我做的很多事越了界限，已经超过一个女儿、一个妹妹、一个姑姑、一个孙女该做的，我成为大家的

“家长”，甚至还有不自知的控制欲——我想尽我所能，让他们每个人都按照我认为的幸福方式安居乐业、安享晚年。

学习了金钱财富的有效心智后，我意识到自己虽然钱攒了不少，但都是辛苦钱，而且增长性与流通性很差。为什么？因为我没有意识到金钱的本质——金钱是爱和价值的体现，当你赚钱的目的是帮助社会创造更多价值时，财富就会靠近你。

尽管如此，我依旧不后悔过去这些年为了家人倾注的小爱，正是这些扎扎实实、刻骨铭心的经历，让我了无遗憾，并且勇敢地学会放下小爱、拾起大爱。

事业之礼：自利利他，智慧慈悲

在地产公司创办亲子社群的那三年，我熬过了一千多个常人无法想象的日日夜夜，我感受不到压力和焦虑，我只希望家人开心快乐。

很多时候，我能放下手头的事，陪伴孩子释放天性。

现在回顾这一切，我依旧能感受到不计任何回报的付出有多么快乐，能感受到用生命影响生命是一件多么伟大的事业。只不过，在这个过程中，我透支了自己的身体健康，忽略了自己内心的压力和感受。

未来三年的目标

2022 年，我从工作了八年的房地产公司裸辞；2023 年，我开始创业，探索到未来的深耕方向；2024 年，我将投身身心灵成长教育品牌“生命彩虹”的打造。近三年，我有三个核心目标。

集结一群人

我的“野蛮生长”社群已经运营一年多，目前有一百位付费会员。我会通过筛选，集结两百位会员一起成长，开启生命智慧，携手造福社会。

国内发展

两年内，将“生命彩虹”教育品牌推广到其他城市，造福更多的人。

全球发展

两年后，“生命彩虹”品牌迈向世界，支持更多全球伙伴开启生命智慧。

NLP 对一名大学生的帮助

■ 游琪佳

系统动力派 NLP 执行师

提供播音专业艺考咨询，中学生、大学生心理健康辅导

我是一名大二学生，目前所学的专业是播音与主持。高中时，我通过妈妈接触了 NLP，这改变了我的人生。NLP 在学习上帮助了我很多。如果你是中学生或大学生，对自己的学习和生活有困惑，希望我接下来的分享可以帮助到你。如果你想进一步了解如何运用 NLP，或者想找我倾诉的话，欢迎你来和我交朋友。

我想要分享的第一个内容，是我在 NLP 里学习到的"理解六层次"，我运用它解决了很多我高中时期的思想和心理问题，明确了未来的目标方向。

"理解六层次"的意思是我们的大脑处理事情及问题有六个不同层次。从下往上分别是环境、行为、能力、信念和价值观、身份、系统。环境代表着时间、地点、人、事物，行为代表做什么，能力代表如何做，信念和价值观代表为什么，身份代表我是谁，系统代表我与世界的关系。

过去，我只在意环境、我周边的事物，但当我拔高到身份层次时，我明白我以后要做主业是老师、副业是心理咨询师的这样一个人。而在系统层面，也就是我与世界的关系中，我明白我以后既要做一个能够疗愈他人、解决他人困难的心理咨询师，也要做一个与学生关系很好，让学生信任，让学生更加热爱学习、热爱生活的老师。

因此，我明白我现在学习是为了我的未来。我不再纠结于我喜不喜欢当下学的课，我对这些知识点感不感兴趣，我只需要把它们弄懂就好，这是我唯一要做的事情。高考考查的是我们的学习能力，当我们的学习能力被看见(即成绩)，我们就有更多选择去做自己喜欢的事情。

进入大学后，我觉得自己每天都在一点一滴地进步，我感到非常高兴。在大学里，我继续运用 NLP。

有一次，我参加学校的一个演讲比赛，内容是关于艾滋病的。我之前可能很恐惧去做一些我没有尝试过的事情，这件事就是如此，但是当天我觉得能做到多少就做到多少吧。

录制演讲只有一天的时间，第二天就要交，于是我第一次尝试去申请空教室，用学校的投影仪。过程中遇到了很多困难，比如我跑了好几个教学楼都没找到空教室，最终在一栋教学楼找到了空教室。而我在用学校的公用投影仪时，因为不会操作，也耽误了很多时间。在我急得焦头烂额时，我发现有客服电话，问题就这么解决了。我在录制演讲的过程中，总是觉得不尽如人意，后来我反复地练习，等我叫我的朋友来帮我录制的时候，我讲得非常流畅，录制一遍就过了。

我解决了一个又一个问题，这对我来说意义非凡。NLP 里面说过，要建立一个人的自信，需要让他做一些有挑战的事情，做成以后，夸奖他。自信需要这三步：做事，多做，然后被肯定。这里的肯定，包括来自自己的肯定，也包括来自他人的肯定。我在做这些对我而言有点挑战的事情时，便增强了自信。

还有一次，我参加学校的绘画比赛。我每一次都觉得自己不太可能晋级，但是我每一次都拼尽全力，没想到我就这么一路走到了决赛。让我印象深刻的是我在准备复赛时，我告诉自己能做到哪一步就做到哪一步。没想到在短短三个小时内，我激发出了无限的潜力，最后我的作品出乎意料地打入了决赛。

尝到了甜头，我决定更认真地学习 NLP，根据 NLP 十二条前提假设，每天对我的思想转变进行打卡记录，21 天为一个周期。刚开始几天的打卡让我吃惊不已，我一天会打两三次卡，我才知道每天我有这么多不正确的思想。以前没有及时转念，我就会陷在让我痛苦的思绪里什么都做不成，有时候甚至半天都做不了事。而现在一有让我痛苦的思想出现，我就用十二条前提假设进行打卡转念，随后继续做事。

我最喜欢 NLP 十二条前提假设的最后一条：**每一个人都有让自己的人生成功快乐的权利与责任**。或许是因为上大学之前，我的生活重心只在学习上，其他方面都非常依赖我的妈妈，所以生活中一遇到不顺心的事情，我都会推给妈妈，让她帮我解决。直到我进入大学，我才发现这是一个错误的观念。我在遇到困难或者生活过得不顺心时，就会抱怨，做事也开始拖拖拉拉，有气无力。我抱怨上天没给我一个十全十美、顺心如意的生活，而我则什么都不做，等着被满足。现在社会上也有很多人处于这种状态，以颓废、消极的态度度日。

当我们感到无力、怨恨时，我们不妨想想，我们是不是觉得别人有义务让我们幸福。实际上这种想法是将我们人生成功快乐的权利与责任交给了别人。每个人的幸福是靠自己创造的，如果我们将幸福的指望寄托在别人身上，不管是家人、伴侣，抑或是朋友，一旦他们对待你的方式不是你想要的，你就会感到不快乐，这将变成一种可怕的被动。**我们应及时觉察，随时将幸福与快乐的权利掌握在自己手里。**

第一轮打卡结束后，我已经有了很大的变化。过去我经常做噩梦，并被梦困扰，看什么事都觉得乏味、痛苦。而现在，我能识别哪些想法是真切的，哪些是不存在的、只会让我痛苦的。我可以睡个好觉了，就算做噩梦也不会影响情绪。生活中多了很多干劲，有了很多想做的事。

第二轮打卡结束后，我各方面已经发生了翻天覆地的变化。首先，从大二开始，我就积极准备考研，除专业学习外，我每天能坚持完成大量额外的考研学习任务，说明我的学习能力和学习效率有了大幅度的提升。其次，我还能运用 NLP 知识帮助朋友、同学应对日常生活中的一些心理困惑，为将来从事心理咨询工作积累经验。

当我们感到无力、怨恨时，我们不妨想想，我们是不是觉得别人有义务让我们幸福。

最令我开心的是，我一改以前的不自信，不断挑战自己，频繁地参加各种高级别的专业比赛，而且斩获颇丰。我参加全省53所高校毕业生就业典型宣传季活动，我的播音作品在165份参赛作品中脱颖而出，被推荐至教育部参加全国遴选展播，并在省教育厅官微上同步推送。我们学校只有两名同学获奖。刚放暑假，我又接到了第十届未来金话筒大赛大学组发来的晋级通知，让我到南京参加复赛，与全国各个高校，包括清华大学在内的同专业学生进行比拼。现在的我面对竞争更多是兴奋了，因为我知道，每一次参与都是经验和能力的累积，是自我价值的沉淀。

总体来说，我感觉现在的我过着自己以前梦寐以求的生活：学业、事业、爱好、娱乐全面发展；有知心的朋友；有奋斗目标——考研；因为热爱，不断学习心理学、声乐，未来它们将会发展成我的副业；学习之余去旅游、拍照、看演唱会……**每天我都将生活安排得满满当当，对想做的事情有着无限的热情和十足的干劲，好像不知疲倦一般。二十几岁正是奋斗拼搏的年纪。**

现在，我正在进行NLP第三轮打卡。我开始用我学到的心理知识协助有学习障碍的中学生慢慢走出困境。我通过我的成长之路感悟到：一个人想要从负面的状态中走出来，一个孩子想要克服学习障碍，首先要找到自己的内驱力、原动力，即你为什么发自内心地想变好，这个动力、愿望越坚决、越强烈，你改变的可能性就越大，改变的速度就越快。其次，要有专业人士的引导。

希望我的故事可以让身处困境中的人们看到希望。NLP陪伴我每一天,我积极地去做我认为对我有益的事,做到以后肯定自己,让自己保持满满的成就感和动力。我希望有更多的大学生或中学生来学习NLP,让自己的生活变得更好。

第五章

为幸福而来

重塑身心

做情绪的主人

■ 俞立军

NLP 执行师

说起情绪，我们都知道它的存在，可是又觉得它看不见、摸不着。它不是一个实质性的东西，不像一辆车、一个苹果，看得到、抓得住、讲得明白，它更多的是一种内在的感觉。

而情绪的重要性，就在于这种感觉，它能够左右我们每一天的生活。特别是在当下的这个社会，当物质不再匮乏，人们越来越多地关注到情绪。

比如，越来越多的人谈到焦虑。

为什么要管理情绪？

有一句话说得好，开心是一天，不开心也是一天，为什么不选择开心地过一天？

当我们被情绪控制的时候，我们往往会失去理智。说一些不该说的话，做一些让自己后悔的决定，这与我们自己想要的人生相背离。当我们有负面情绪的时候，这些情绪也会影响关系、影响他人，我们当然愿意跟一个情绪稳定的人在一起生活与工作。

在家庭关系当中，情绪稳定可以让我们有稳定的关系、温馨的环境、有效的沟通。如果我们不懂得如何管理情绪，一味地用言语暴力或情绪暴力，那么家庭氛围就会变得凝滞、压抑。

在职场中，如果没有情绪管理的能力，那么人际关系就会变得很糟糕，不但会影响自己工作的心情，而且会影响工作业绩。

另外，假如我们常常压抑自己的情绪，这些情绪得不到很好地释放，就会攻击我们的身体，造成一些疾病。我们常说的"有一些病是气出来的，或者说是闷出来的"就是这个意思。

所以，情绪管理与我们每个人都息息相关。

情绪是信念的投影

我们常常会认为，情绪是因为发生了一些事或者是一些人让我们感觉到有情绪，所以这些人、事、物是引起情绪的原因，那我们一起来看一下情绪究竟因何而起。

比如看到一只狗，有的人会感到害怕或者厌恶，可是有的人会觉得可爱，想靠近。感到害怕或厌恶，这背后其实有一份信念，就是觉得狗危险，觉得狗脏，因为狗可能会咬人，身上有很多的细菌。

觉得可爱、想靠近是因为我们觉得狗温和、乖巧。

同样的一只狗，给人的反应和情绪都是不一样的。

我们再来看一个例子。你走在大街上，突然脑袋被人拍了一下，这个时候你或许会觉得莫名其妙，觉得困惑，甚至会有些生气。

可是当你回头一看,竟然是十年都没有见面的一个老同学,这个时候你又会是一种什么样的心情?

说到这里我们不难发现,外界的人、事、物,只是引起情绪的诱因,而我们对于这些人、事、物的看法,才是引起情绪的主要原因。

背后的这一份信念,源于过往的经历。

比如我们觉得狗危险,觉得狗脏,是因为我们在成长过程中,我们的父母或者其他人向我们传达过类似的信息,而这些信息储存在我们的记忆当中,成为我们认知的一部分。

认识情绪

我们知道了情绪管理的重要性及情绪的由来,接下来,为了方便管理情绪,我们还得先认识情绪。

就像一辆车、一个苹果,当我们觉察到情绪,就好像看到一个实质性的东西,我们才能谈管理情绪。

这是一个学习的过程,也是一个觉察的过程。当我们还没有熟练掌握这个能力的时候,应该允许自己慢慢走进这个过程。

情绪管理是一个从不知不觉、后知后觉、当知当觉,到先知先觉的过程。

就像刚开始我们学做菜的时候,我们并没有经验,但是我们可以复盘。比如我们看菜谱,然后实际操作做出成品,品尝菜的咸淡、情绪管理是一个从不知不觉、后知后觉、当知当觉，到先知先觉的过程。

口感。我们可以回顾整个制作过程，看究竟是哪一步需要调整配方。同理，情绪也一样，当一件事情发生过后，我们再去回想整件事情，去觉察当时的情绪，这是第一步。然后我们需要给这一份情绪取一个名字，比如委屈、心酸、焦虑、担忧，等等。这同样是一个生疏到熟练，模糊到清晰的过程。哪怕一开始我们没有一个准确的、清晰的定义，也没有关系。事实上，当我们有这样一份觉察的时候，情绪等级就会下降。

我们学习管理情绪，并不是要消除情绪。只要是活人，就一定会有情绪，我们要学习的是认识它、管理它，让它服务于我们的生活，而不是消除它，因为它无法消除。

在每天的生活与工作当中，我们要不断地复盘与觉察，把无形的情绪逐渐变成有形的认知。

后知后觉是为了刻意地提取经验。

刻板的练习就好像反复地做菜，当经验累积到一定程度的时候，我们在做菜的时候就会去关注调料的比例、火候的大小，这就到了当知当觉的一步。

经反复地觉察、叠加认知，我们会在情绪的变化当中，觉察到自己有一份升腾而起的情绪，这个就是当知当觉。当我们有了这份觉察，就已经有了部分抽离，不会完全被情绪所掌控和左右，我们会有一些思考加入进来，让事情的结果悄悄地发生转变。

负面情绪的正面意义

认识情绪以后，我们便可以开始管理和引导情绪。情绪就像一个信号，每种情绪背后，都有未被满足的需求，需要我们去看见。

情绪并没有对与错、好与坏，任何一种我们认为的负面情绪，都有其正面的价值与意义。

比如说委屈，当我们被误解或者在工作当中遭人排挤，有苦说不出来，就有了委屈这种情绪。委屈这种情绪的正面意义，就是要求我们找人去倾诉。我们可以找父母、找伴侣或者是找朋友，把自己的遭遇以及内心的委屈表达出来。

你会发现很多时候事情并没有办法去扭转，也不需要去扭转，只要情绪流动了，内在委屈的感觉没有了，我们就可以恢复自身的能量，重新面对生活与工作。所以当我们处于情绪中时，往往我们不需要处理事件，只需要管理情绪。

再比如悲伤这种情绪，当亲人离世的时候，我们会感到悲伤。而悲伤这种情绪的正面意义，是告别已经失去的，珍惜当下拥有的。清楚了这种情绪的正面意义，我们就清楚了自己需要让这种悲伤的情绪流动，不压抑、不阻断。

每一种负面情绪都有正面的意义，需要我们在生活中慢慢地去学习转化。

情绪管理的技巧

当我们还不能迅速地转化情绪时，有一些技巧和工具可以辅助我们管理情绪。

呼吸放松法。当我们对情绪有觉知时，可以找一个安静且安全的地方，做深长且缓慢的呼吸。可以选择坐着或者躺下，把注意力集中到自己的呼吸上。用鼻子吸气，用嘴巴呼气。呼气的时候将注意力放在肩膀上，感觉到双肩慢慢地放松与下沉，重复几次以后，情绪就会慢慢地恢复平静。

喝温水，也是一种不错的方法。喝水的时候，将注意力放在喝水的过程上，一小口一小口地慢慢吞咽。

投射现象

在学习情绪管理的过程中，我们还需要了解投射现象。

在我们的成长过程中，有一些不太好的回忆储存在我们的脑海中。拿我自己举例，小时候我爸常常否定我，他总是对我说“你看你又把事情搞砸了”。面对父亲的指责，我的情绪压抑在心里。在亲密关系或者职场关系中，我们同样会遇到类似的指责。假如情绪的等级可以划分，遇到这样的指责，我们有两分或者三分的生气都是正常的。可是如果我们的情绪等级立马飙升到八分、九分这么高，进而引发一些不理智的行为，这就不正常了。这种情绪等级超出的现象，我们称之为投射现象。

事情过后，我们往往会觉得很诧异，为什么当时自己有那么强烈的愤怒？当我们觉察到有这样一种投射现象时，就可以做一些有针对性的练习，比如收回投射。**我们意识到我们的情绪大多数不是因为事件本身，而是我们内心的那个敏感地带被这个事件打开了。**

同样地，当我们知道了投射现象，我们也可以在关系当中保护自己。因为我们可能会投射别人，也有可能被他人投射。当我们在关系中，感觉到对方有一些与情绪等级不匹配的情绪时，就有了一份觉察：或许自己已经成了被投射的对象。对方有一些过激的情绪指向了我，而我为了不被对方的情绪影响，可以做一些收回投射的练习，它可以保护我免受影响。

一个三角形让我生活幸福

■ 张婵

大学任教 27 年

心理咨询师

家庭教育指导师

NLP 执行师导师

累计服务 10000 多个家庭

累计咨询时间 800 多个小时

大家好，我是一个充满了叛逆和拥有充沛精力的“70后”，大家都叫我“万能婵”，无论谁见到我，都会叫我一声“婵姐”或者“婵哥”。借此机会，感谢大家对我的抬爱，也希望我能真正对得起这些称呼。

在我学习过的所有内容中，我超级爱一个三角形，它就是 NLP（神经语言程序学）的“理解六层次”图。无论是在工作中还是在生活中，无论是在个案咨询中，还是在团体辅导中，这个三角形都给了我无限的智慧，让我的人生也发生了重要的变化。**很多次的人生转折，我就是从这个三角形中得到的启发。**

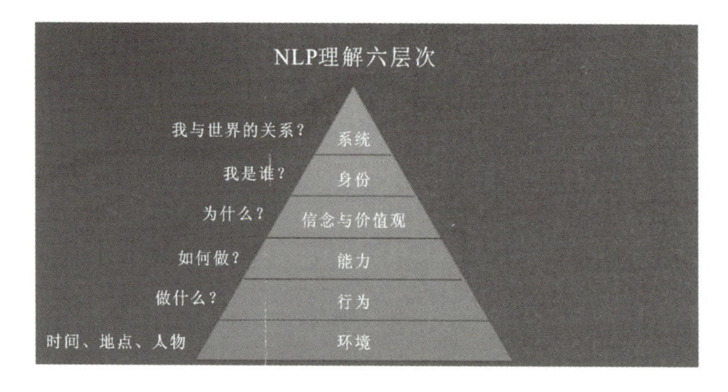

NLP 理解六层次图

先来谈谈生活吧。

我大学读的是英语教育专业，工作的前十七八年都是当英语老师。我一直很向往那种自由、开放、独立的生活，期待自己成为一个真正的独立女性。抱着这样的信念，我选择做丁克。

我完全忽略了我家庭中的另外一个成员——我的老公。我以为他是支持我的，我也以为他是认可的，所以在十几年的婚姻生活中，我们没有孩子。而我一直以为，我这样的婚姻生活是幸福的，也是值得继续的。生活中突如其来的事情总会给人当头一棒，后来我才明白，其实做丁克只是我的一厢情愿。这个时候，我发现我的角色定位是错误的。我根本没有把自己放在家庭这个系统当中，放在妻子这个角色当中去，所以我也就没有妻子这个角色下应该有的信念和价值观，当然也就没有相应的行为。在这种情况下，我的婚姻自然而然地出现了一些危机。

人生的幸福，不外乎在关键时刻遇见对的人、做了对的事。在这样的情况下，我遇见了徐珂老师，遇见了 NLP 执行师课程。这是我第一次参加非英语专业的学习，遇见了新的知识体系，遇见了新的社交人群。

在学习过程中，我发现我必须要看见家庭这个系统，在这个系统当中，我必须回到妻子这个角色中来。作为妻子，也许我该做的不仅仅是成为一个独立的女性，更重要的是我要能看见丈夫的存在，我要能看见妻子在这个系统当中的价值，甚至我应该重新审视人生的幸福，不外乎在关键时刻遇见对的人、做了对的事。

一下作为妻子的行为规条。于是，我开始做出调整。我重新回到妻子这个角色，在这个角色下，我才能够给我的家庭一个圆满的结果。

幸福的生活一定会留给那些拥有智慧的人，所以，在这一次觉醒中，我获得了我想要的婚姻的幸福。

我不再做丁克，我们有了一个孩子。在孩子成长的过程当中，我回忆起我自己的成长过程，有太多的遗憾，虽然我知道我的父母已经做了他们能做的最好的。我想成为一个更加智慧的妈妈，我也想成为一个能够让家庭更加幸福的女主人，于是，我时刻提醒自己：在回到家的那一刻，在回到家庭这个系统时，我是谁？我该如何体现我的价值？我该如何看到家庭系统的价值？我该如何去提升自己在家庭系统当中的能力？我会去判断我的每一个行为，是否能给我的家庭加分，是否能给每一个家庭成员是加分。这个三角形一直在帮助我，让我沉浸在家庭的幸福生活中。

在我们家，很多美食都是我自己制作的，比如豆腐乳、泡菜、馒头、油条。也许这也是大家叫我“万能婵”的一个重要原因吧。

再来说说工作。

我一直在大学做老师，已经有二十七个年头了，其中前面十几年是专职英语老师，后面十来年是兼职老师，我还调整了教学专业，从英语转到心理教育。虽然看起来身份和角色没有发生改变，都是大学老师，但是因为教学专业的改变，身份和角色还是发生了一些变化。这些变化，让我的成长加速，因为要丢掉之前的英语专业，改学其他专业的知识和技能。

除了在大学做兼职老师，我还在当地的心理教育学会承担了一部分工作，我觉得这部分工作是对自身角色的一个很好的补充。因为这十几年，我将自己的身份角色定位为家庭教育的践行者和传播者，我的目标是让我遇见的每一个家庭及其家庭成员都能感受到轻松、满足、成功、快乐（来自李中莹老师课程学习的结果）。每周除了有一天在大学有课，剩下的时间我都辗转于各个中学、小学、幼儿园，为老师们提供心理健康辅导，为家长们举办家庭教育讲座，为孩子们提供心理辅导。**这些工作看似是我在为他人做事，其实是在成就我自己。**

很多人会问我：为什么会有这么大的变化？为什么会从英语专业调到心理健康领域和家庭教育领域？是不是因为对学科教育产生了厌倦？我的回答是否定的。真正促使我换专业的原因，是在教英语的那十几年里，我看到了太多大学生在进入大学后，逐渐躺平、摆烂，而这种躺平和摆烂的状态，也许可以追溯到他们的高中时代，甚至更早的时候。

在跟大学生们交流的过程中，我也在思考我可以为这些学生做什么。后来在学习新专业知识的过程中，我发现，我不是想为这些学生做事情，而是想为我所在的大系统做些事情。因为这些学生在家庭里面也许只是一个孩子，只是一个家庭成员，而在这个国家里，在这个更大的系统中，他们是祖国未来的希望。所以，我想为这个更大的系统，为祖国的未来做些力所能及的事情。**我能做的就是在我的课堂里，在我和大学生相处的时间里，唤醒他们，唤醒他们的生命意义感和使命感。**

于是，我开始在我的教学中，加入一部分生涯规划和心理健康引导的内容。我想为我所处的这个大环境和大系统再做一些事，做一些预防性的事，而不是仅仅做一些治愈性的事。在这一刻，我知道我要进一步明确自己的身份角色，进一步提升自己的专业能力和影响力。这一次，我对我的专业做了一次调整。这次调整也让我看到了自己在这个系统中的角色，那就是系统的建设者，同时，我也看到了为人师者传道的价值，所以我开始深入学习 NLP，专注于家庭教育和心理健康知识的学习。

这些年我服务过几百所学校、上千个家庭、上万名学生。在疗愈这些家庭和孩子的过程中，我发现很多问题都源自个体对所在系统的认知不清晰，常见的问题就是身份错位。因为身份角色定位错误，所以信念和价值观发生了偏移，在此信念和价值观指导下的行为也就不正确，那结果可想而知。这些发现，也是基于我对 NLP“理解六层次”由上而下的思考。

但是回归到这些案例，他们的改变是需要由下而上的，我需要带领他们认识到他们所处的环境是怎样的，然后沿着 NLP“理解六层次”三角形向上看，看看在这个环境下，他们需要做什么，需要具备怎样的能力，从而让他们确认和认可他们的身份角色，最终获得大系统的支持。只有完成了这两步，家庭环境才能得到改变，家庭才能让每个家庭成员感到轻松、满足、成功、快乐。

其实，不论是我自己，还是我遇到的每个个体，所有的改变都不是外力所致，而是自己造成的。当我们内在的世界发生改变，当我们可以真正面对自己所处的系统，明确自己的身份定位，明确属于这个身份的信念、价值观、行为规条，不断提升自己的能力，我们的行为方式就会改变，美好的事情就会发生，生活也将会变得多姿多彩。

所有的痛苦经历背后，都藏着人生的惊喜盒子

■ 张芳

NLP 执行师

高级心理咨询师

家庭幸福力教练

“老师，我的生活真的是一点希望都找不到了，我现在每天都要面对工作、家庭的各种事情，忙得喘不过气。我付出了那么多，可是现在孩子辍学在家，我和孩子爸爸每天不是争吵就是形同陌路，现在单位要裁员，可能下一个就会是我。还有我和公婆相处也处处有矛盾，爸妈也是什么事情都要我去给他们做。我看到你把生活经营得那么好，孩子学习优秀、能力强，和老公也是恩爱甜蜜。我也想有这样的生活。可是我永远达不到，现在的生活我真的感觉撑不下去了。”在咨询室中的 A 已经泣不成声。

她的这段倾诉，让我感觉如此熟悉。回忆把我拉回到了 2017 年，我看到了那个提着大包、狼狈逃出家门的我。那个时候的我只因为一个有过一面之缘的大姐跟我说，这个课也许能帮助到我，我就在对老师、对课程都一无所知的情况下，坐上了火车，只为逃出那个让我窒息的家。那个时候女儿上一年级，连 b 和 p 都分不清楚，我每天因为辅导孩子的作业而气得头痛欲裂，可孩子的成绩依然在班级排名倒数，而且孩子还出现了大量掉发的情况，一周的时间头发直接掉了一半。在医院做了各种检查，显示指标都正常，医生对我说可能是孩子压力大造成的，我当时就炸了：“她一个屁大的孩子，她能有什么压力？”“孩子都照顾不好”，老公的一句埋怨，让我委屈、无助，眼泪就像奔涌的泉水一般流了出来。那个时候，我的婚姻也亮起了红灯，从未有过的挫败感每天都在吞噬着我的心灵。

当我来到心理学课堂上的时候，我也不知道自己想要什么，也不知道自己能够得到什么。后来在课堂上，老师不断引导我们跟自己的心进行连接，起初总是有各种各样的人、事、物出现在我脑海里，一闭眼就是焦躁与愤怒，但是场域就是有神奇的能量，经过不断的冥想训练，我的心越来越能安定下来。后来在老师的引导下，我进入潜意识，过往的许多事情开始浮现在我的脑海中。**我出生在一个四线小城市，简单、安逸是父母对我人生的期许**。那一年大学的录取通知书下来，我欣喜地开始收拾行囊，爸爸语重心长地对我说：“我今天遇见一位大学生，她找了好多地方都找不到工作，在我办公室哭了好久。我担心你将来也会遇到这样的情况，爸爸希望你安安稳稳，简单地找个工作，我们也就放心了。”作为乖乖女的我虽然很失落，但还是听从了爸爸的建议，毕业进入了一家上市公司上班，没有好文凭的我只能从一名小职员做起，当拿到第一笔工资的时候，我突然有种自己可以当家作主的感觉。我在业余时间报考了成人教育，考取了会计、机电一体化双学位来弥补学历上的缺憾，而我内心的自由则在舞蹈上得以体现，我在省、市级舞台上演出过。同时我在公司大大小小的演讲比赛中多次拿奖，也因此成为团支部书记。人生有时候是越成长就越能体会到努力的快乐。2005 年，在我的家乡车辆还不普及的时候，我成为为数不多的拥有驾驶证的女司机。那个时候淘宝刚刚兴起，大家对网购还很陌生，淘宝代购让我挣到了第一桶金，后来我还开了淘宝店经营护肤品(直到 2022 年，还有伙伴跟我说她几十年来一直在用我当年经销的品牌)。那段时间生活多姿多彩，每天都充满动力。随着年龄的增长，爸爸妈妈开始操心我的终身大事，为我安排各种相亲。2008 年，我遇见了现在的老公，我们一见钟情，4 个月后就步入了婚姻的殿堂，婚后我们的生活甜蜜又美好。这些画面再次浮现，而且似乎从未远离，让我看到我本就如此美好。

在接下来的创伤疗愈阶段，我的回忆又回到了结婚后大约半年的时候，那个时候长辈说我已为人妻，凡事要内敛，做个相夫教子的贤内助就好，不要抛头露面了。我内在那个“乖乖女”瞬间苏醒，我又开始变得听话，每天过着两点一线的生活。后来怀孕有了孩子，吃苦耐劳、凡事隐忍、坚强稳重成了我的座右铭，原本爱美的我变得邋遢不堪。有次带孩子在婆婆家院子里散步，有个人还问我是不是家里请的保姆。自从被如此问及之后，我就变宅了，那个时候我觉得不见人就是对自己最好的保护，后来我就变得越来越敏感、脆弱，没有安全感。女儿在幼儿园第一次家长会上就被表扬，老师说她是认识物体形状、颜色最多的孩子。**如此优秀的孩子成了我认为我人生唯一可以炫耀的地方了，所以孩子只要表现优**

秀我就炫耀半天，只要犯错误我便痛斥一天。现在想想，女儿是在担惊受怕中颤颤巍巍地长大的。那个时候，我的注意力都在女儿身上，跟老公就有了很多的疏离，我们不是形同陌路，就是争吵不断。每天我都在抱怨与焦灼中无奈地生存（后来我才知道那个时候的我就陷入了“受害者心态”），我那个时候甚至在想，要是我没有孩子就好了，要是我离婚就好了。

课堂上老师的一句话“每一个人都拥有让自己的人生成功快乐的权利与责任”进入了我的耳朵，我的脑海里立刻蹦出来：我这么失败了，还有权利快乐吗？不快乐又不是我造成的，怎么会是我的责任？当我把我的疑惑提出来的时候，老师用坚定而信任的眼神告诉我：“是的，亲爱的，你拥有让自己的人生成功快乐的权利，也有对自己人生负责的责任，你就是你这部人生剧的导演与演员。我给你布置个作业，你愿意做吗？”我迟疑了一下，被老师信任的眼神所鼓舞，于是我说我愿意做。“亲爱的，你正在为自己做选择，为你这种勇于尝试突破的精神点赞。28 天的时间，每天照镜子 1 分钟，照的时候看着自己的眼睛就好。”“什么？照镜子？这么简单的事情？那能有什么作用？”“当你准备好了，你就可以开始了，我等你 28 天后的分享。”

当我真的站在镜子前的时候，我发现我竟然深吸了一口气，看着镜子里的自己，陌生又熟悉，整个面部表情僵硬，我尝试让自己微笑一下，发现整个脸部都是痛的（这个痛至今我都记忆犹新），我才发现我真的好久都没有看过自己,好久都没有笑过了。**那一天,我哭得一塌糊涂,从这 28 天的照镜子开始,我决定为自己负责。**

所有的痛苦经历背后,都藏着人生的惊喜盒子。我未来 10 年的目标是开一家自己的咨询工作室,遇到志同道合的伙伴,一同影响和助力 1000 名女性找到属于她们自己的轻松、快乐、成功、满足,她们不仅是妻子、妈妈、女儿,她们还有一个重要的身份,她们是她们自己。同时我还要去助力 1000 名孩子,在他们人生迷茫困顿的时候,我能够支持和陪伴他们找到他们人生的理想与使命,并且笃定前行。当我清晰地认识到自己的这些目标时,我也发现了自己除了需要一颗助人的心之外,还需要专业的知识以及稳定的内心力量去支持我完成这样的使命,于是我就开启了沉浸式的学习模式。每周 7 天的时间,基本上有 4 天我都在全国各地拜名师学习。2019 年,我的"悦棠心理咨询工作室"正式成立,接待咨询者、授课、办讲座成了每天为我充电赋能的源泉。当然,这些年我还遇到了一群有爱、有担当的伙伴,我们一起参加了许多公益活动:2018 年在市妇联家庭教育志愿者团队中担任宣讲团成员,走进学校、社区,为孩子们、家长们讲授心理学的课程;2019 年我又前往河南省新乡市封丘县前九甲村(当时的贫困村)支教,为留守儿童的心灵护航;2020—2022 年因为疫情,我们开启了"向日葵"云守护计划,进行了百场公益直播;2023 年"心少年"公益行开启了我们对高中生的守护。

所有的痛苦经历背后，都藏着人生的惊喜盒子。

这一路，我深深体会到了“爱出者爱返，福往者福来”这句话的含义，我的家庭也从分崩离析的状态转变为暖心有爱的心灵港湾。我们的家可以安放家中所有成员的情绪，快乐时我们共同分享赋能，困顿时我们彼此接纳找寻突破口，“凡事必有至少三个解决方法”成为我们家庭每个成员的座右铭。古语“无常即恒常”是说万事万物不断变化才是这个世界不变的样子。**我们无法预料自己会遇到什么样的事情，但是我们有选择不断提升自己解决问题能力的权利。**

这一路我的人生经历以及陪伴来访者的过程，让我更加笃定未来继续走在“用生命影响生命”的道路之上。人生路上，让我们一同找到属于自己的轻松、满足、快乐的人生状态。

改变信念，拥有不一样的人生

■ 张可凡

十三年房地产营销管理工作

NLP 执行师，师从张国维博士

NLP 教练，师从戴志强老师

与NLP这门学问结缘是在2017年，这门课程也叫神经语言程序学。NLP是人类大脑使用手册，电视、冰箱都有使用说明书，学习了NLP，相当于找到了人类大脑的使用说明书。很多培训课程，刚听完很激动，就像打了鸡血一样，却很难有什么改变。刚学完NLP觉得很混乱，连打鸡血的感觉都没有，甚至觉得学费好像不太值。**回到生活中，才越来越发现NLP的威力，自己不知不觉地在运用NLP。**

课堂上，让我印象最深的是张国维博士运用催眠技巧，将我拉回到了过去，又让我感知了当下，最后通往了未来。通过这段被催眠的经历，我发现过去虽然没有学习过NLP，但处处有它的影子；当下因为NLP，自己内在发生着很多变化；未来，更是想象着自己能站在讲台上讲授NLP课程。

我的过去

随着张国维博士富有亲和力的催眠声音响起，慢慢地，我的思绪回到了2007年的夏天。那时候我大学刚毕业，面对未来，有茫然，更多的是憧憬，特别想离开待了22年的山东老家，去很远的地方闯荡。

美刚是我高中形影不离的兄弟，和他的一通电话，改变了我的人生。他对我说："歪歪，你来海南吧！这里机会多，咱们几个兄弟联手，这里肯定是咱们的天下！"当我还在犹豫不决的时候，另外两个高中形影不离的兄弟玉飞和卫义也给我打来了电话，他们说："歪歪，你来吧，我们来一个月了，美刚在这儿可牛了。"后来才知道他俩被美刚收买了。

拽拽是我的大学同学，是有一次我在商场里兼职卖电视认识的，那次见面我就觉得这是要和我过一辈子的女孩。临去海南前，我怀着忐忑的心情到拽拽家见她父母，给他们做思想工作。还记得那个穿着西装的瘦小伙，陪拽拽父亲三两杯酒下肚，眼神坚定，使劲地锤了锤胸脯说了一句："把女儿交给我，您放心，我一定会让她过上好日子。"

就这样，我和拽拽在开往海南的绿皮火车上站了48个小时，咣当咣当地于凌晨5点终于赶到了秀英码头。三个高中兄弟那晚一直喝到凌晨，喝完躺在秀英码头门口等着我们，见面的时候，我们拥抱在一起，感觉回到了高中时代。

坐车路过海口的世纪大桥时，看着雄伟的建筑和身边坐着的兄弟，我的内心升腾起莫名的征服未来的兴奋感，那时候我记得我们一起对着窗外大喊："海口，我们来了。"

年轻气盛是青春的符号，那会儿我觉得我们几个天生就是当老板的料，去二手房公司卧底一个月后，便开始了我们的创业生涯。我们创办了二手房公司，没有经验、资金和人脉，就凭着一腔热血，又赶上了2008年的金融危机。那时候二手房公司业务特别难做，倒闭的公司很多，我们没有钱交房租，经常是房东在办公室外面敲门催债，我们几个蹲在办公室里，锁上门大气也不敢喘。那时候我们经常一起唱的歌是信的《海阔天空》，这首歌的歌词代表了我们的无奈、迷茫、不甘、倔强。

二手房公司做了一年，实在坚持不下去了，我们又转做装修行业。那时候，我和玉飞天天蹲在工地，跟着工人苦学，用了一个月时间，从设计、预算到各工种协调、施工都学了个遍。那时候接的家装业务不少，但利润很薄。一方面由于不懂设计，我们只能告诉客户，现在流行轻装修、重装饰，贴个地砖、刮个大白就行，越简单越不过时；另一方面我们确实太实在了，报预算不好意思多加钱，特别是跟很多客户都成了朋友，总感觉挣人家的钱特别不舒服，有种不配得感，装修过程中增加的小项目很多基本都送了，所以很多项目一算账都是白忙活。印象最深的一次，我们四个一人一瓶啤酒，蹲坐在白沙门海边，看着茫茫的大海，迷茫、惆怅，不知所措，因为工地的涂料工在工地上被钉子扎了脚，很不巧那几天下雨，这个工人不幸感染得了破伤风，在医院生死未卜。我们四个人一句话也没有，就那样呆呆地坐了好久。

那段创业经历让我们每个人的生活都特别拮据，坐公交车恨不得把一块钱掰成两半花。我办了五六张信用卡，拆东墙补西墙，过年回家还要装成过得很好的样子，给家里买冰箱、买洗衣机，让父母放心。那时候，我们四个最盼望的就是弄一只鸡或一只鸭吃到饱。我和玉飞去趟文昌，没钱买文昌鸡，买了一堆鸡脖子和鸡头，啃得津津有味，引来旁边人异样的目光，我俩还说文昌鸡真好吃。

创业三年，经济上是拮据的，日子却过得很快乐。我们经常去海边玩，几个兄弟在沙滩上摔跤，每个人都笑得像个孩子。我们喝着 8 块钱的白酒，桌上却谈着干个上市公司的梦想，我们在 20 块钱随便唱的 KTV 里，尽情地嘶吼着那首《海阔天空》。在我最穷的时候，拽拽一直不离不弃。

随着张国维博士悠长的催眠声音再度响起，我的思绪慢慢地被拉回到当下。

我的现在

创业三年，让我们更加认清了自己的优势和不足。为了生活，兄弟四个各自去打工。我从 2010 年到现在，陆续去了几家房地产公司，从事营销管理工作。

很庆幸 2017 年开始参加 NLP 执行师课程。就像开篇讲的，刚开始觉得什么也没有学到，可回过头来看这些年自己跟自己的关系、自己的家庭和工作，处处都有NLP的影子。我特别感谢这门学问，也很开心有这么一个机会，能作为作者之一，出一本关于NLP的书。

我以前特别喜欢讲道理，经常为了道理和别人争得面红耳赤，争执完还自己复盘，觉得这儿没发挥好，那儿应该这样说。NLP有一条前提假设是"效果比道理重要"，每次争执的时候都想证明自己是对的，经常赢了道理却输了关系。没学NLP之前，在子女教育、家庭关系等方面，我常常用我的逻辑试图说服拽拽，经常造成家庭矛盾，**后来我明白了，家是讲爱的地方，不要过多地讲道理。透过道理看到背后的动机，单这一条前提假设，就能解决大部分争吵。**

地产行业当下经历了最困难的几年，特别是从事房地产营销工作，我经常要面对很大的压力。学习了NLP后，我能更好地觉察到自己的情绪状态，看到自己和自己的关系，同时NLP的很多技巧也能很好地用在工作当中。

记得有一次跟团队开会，每个人都愁眉不展，大家列举了非常多影响销售的问题，好多问题暂时还不好解决，看似是个死循环，大家的士气低落。这时候我问了团队一个问题，我说："当咱们盯着问题的时候，眼里就全是问题，不妨回到我们的目标上，如果这些问题不解决，我们有什么方法达成业绩？"我迅速将大家拉回到为达成目标去找方法的轨道上，这个技巧是 NLP 的换框法。**问题是解决不完的，而且即使解决了问题，目标也未必达成。**我们的目标是达成业绩，这些问题虽然是达成业绩的障碍，但不一定非得解决这些问题才能达成业绩。NLP 讲“凡事都有三个及以上的解决办法”，如果将焦点集中在问题上，将问题不解决等同于业绩无法达成，而这些问题都是暂时解决不了的，那意味着大家都不用去找方法了。我通过发问，让大家从问题中跳出来，关注目标。问题的底层逻辑往往是为什么，焦点在过去；目标的底层逻辑是做什么，焦点在当下和未来。最终我们绕过了问题，问题没有解决，业绩却达成了。

通过张国维博士的催眠，时间线带我来到了我的未来，我想象着自己未来要做什么，喜欢做什么，脑海里出现了很多画面。

我的未来

掘地蜂是一种昆虫，智商很高。它们把猎物带回洞穴时，先把猎物放在洞穴口，自己要先进洞查看一圈，确保一切安全之后，才把猎物拖到洞穴里去。科学家曾经做过一个实验，当掘地蜂进洞查看的时候，科学家把猎物拿远 1 英寸。掘地蜂进洞穴查看出来后，会把猎物再次拖到洞穴口，然后放下猎物，再进洞进行查看。科学家重复这样一个动作 50 多次，掘地蜂将猎物拖到洞口 50 多次，进入洞中查看 50 多次……掘地蜂看似智能的行为背后，其实是被一种模式操控着。哲学家丹尼特也研究过掘地蜂，他提出了一个更恐怖的问题：**你凭什么确信自己不是掘地蜂**？

重复旧的模式，只会得到旧的结果。信念价值观决定我们的行为，如果我们的信念价值观不改变，行为层面就不会有改变，就不会产生新的结果。很多人天天抱怨生活的不如意，却一直坚持旧的思想、旧的做法，结果日子一天一天过去，人还在原地打转。我们改变自己的信念系统，植入新的信念，也就改变了对事情的看法，会产生新的行为，从而改变原来的行为模式，拥有不一样的人生。

未来，我很想成为一名心理学老师，传播 NLP 这门学问，用生命影响生命。人生的上半场，我为自己的美好生活而打拼；人生的下半场，我想为更多人的美好生活而奋斗。

人生的上半场，我为自己的美好生活而打拼；人生的下半场，我想为更多人的美好生活而奋斗。

重塑身心

历尽千帆，归来仍是少年

■ 赵书檀

企业系统整合排列师

国家高级职业指导师

心力提升与事业决策专家

我的内心有好多美好的画面，关于工作的、爱情的、生活的。大学毕业后，我一边读研究生，一边在学校做团委工作。后来经人介绍，嫁给了一个军官，26 岁时生了孩子。**看起来顺风顺水，我也以为人生会如我所愿一路高歌。**

四川“5·12”地震那天恰巧是我 29 岁公历生日。那一年，我体检查出先天只有一个肾脏，老公也变心了。我仿佛从幸福的云端啪的一下掉到了地上，受到伤害的不仅有感情、婚姻，还有尊严、自信和对人的信任。我的世界变成了黑色，早上不晓得为啥醒来，晚上不知道是否要睡。

有一次，他玩消失。孩子突发高烧，输了三天液，高烧不退，医院连发了两道病危通知。我害怕、恐惧，但必须强撑着。两边的老人当时不知情，我不想让更多人参与进来。未知是最恐惧的，在看不到的地方会有怎样的危机，我不知道。我抱紧孩子，心里发狠似的祈祷：“儿子，你要给我争气！”孩子像是感应到了，之后药物起了作用，孩子退烧了。我撑着的那口气一下子垮了。跟家里人交代了几句，我就往外跑，想跑回车里。在距离停车场不足 200 米的地方，我彻底绷不住了，蹲在医院的大门口号啕大哭。仅存的理智提醒我不能让人看到。我把头埋在大腿里，用衣服罩着头。哭了一会儿，我把电话打给了我的老师："我扛不住了。"老师夫妻俩一个是全国知名教授、院长，一个是处长，撂下电话他们立马赶到医院，在门口把我带上了车。他们什么也没说，什么也没问，驱车一百多公里把我送到心理咨询师那里。结束后，又把我接回家。NLP理论认为，动机和情绪总不会错。情绪总是给我们推动力，情绪使我们在事情之中学习到一些东西。学到了，情绪便会消失。**这份忍耐背后有我想要保护孩子、保护家人的动力，也有我对自己情感的一种负责。**

我没有那么脆弱，也没有那么放不下，我怎么了？仿佛有只无形的手操控着我人生的方向盘，我失去了控制。是选择恨和报复，还是选择爱和成全？那时，抉择很难。理智告诉我，后者才是一条有机会救赎的道路。人的本性不是在顺境中显现的，而往往是在逆境中显现的。我的内心仍感受到极大的屈辱，陷入自我否定，信念和价值观也崩塌了。**我曾经最信任、依赖的人让我懂得了人性。**那时的我单纯、幼稚、理想化，缺乏自我保护的意识。紧接着我的心理也出问题了，创伤后应激障碍导致严重抑郁，说话都感觉舌头变大了。我害怕出去见人，感觉到处都有人在指指点点。我害怕遇见那种温柔的女人，她们让我感到恶心、愤怒，但同时我又责怪自己不够温柔、不够美好、不够善解人意。内心有个声音在说："我并非放不下，为何会有这么大的反应呢？这件事情不足以让我死，但为何内在有强烈的想要死的冲动呢?”我究竟怎么了？这激发了我极大的好奇心,想要探索生命更广阔的世界。

我办好离婚手续,离开了领导岗位,调到新校区工作,带着孩子离开了那里。在华西医院精神卫生科,我接受了半年心理治疗,一边学习一边尝试寻找自己的兴趣和人生新的方向。我远离熟人圈子,不想解释,不想像祥林嫂一样反复说叨。生活的落差一下子很大,我不想妥协和将就。扛不住的时候,我就先安顿好孩子,然后开着车在高速路上轰着油门兜圈子,哭声混着巨大的车流声,没人听得到。

我在书中找答案,跟高维思维对话。每一本书都有一两点深深地打动我,启发我反思,我的内在因此发生一些细微的改变,这是一件特别美好的事情。那些年我差不多读了 1000 多本书。现在我的家里专门做了一个 4 米多高的书柜,带楼梯、带灯带,是我的得意之作。那满墙的书积累了多少人类的智慧啊！此刻,我不禁想要唱一句:“我能想到最浪漫的事,就是坐在摇椅上慢慢读书,直到我老得哪儿也去不了,我还依然翻着书把自己当成手心里的宝。”

我在工作上更加努力,常提醒自己:**作为老师,我能给学生提供什么价值**？2010 年,我刚做学院就业秘书的工作。我联系了很多单位,发布了很多就业信息,可是用人单位抱怨招不到人,学生抱怨找不到工作。这到底是怎么回事？我带着问题一个个去拜访、去求教、去听企业的需求。调研之后，我就开始寻找解决方法。那会儿，学校还没有开正式的职业规划课，我拿着课程提纲的 PPT，邀请两家企业，希望和它们一起来做职业规划。我发现企业想要的和我正在做的不一致，我心里发虚，没敢继续。2011—2012 年，我在学校开工作坊做讲座，邀请职场高手做分享。我发现学生们听的时候心潮澎湃，做的时候无所适从。2013 年，我停下来了，我在想：学生们怎样才能把知识片段运用到求职中呢？2014 年，我在甘肃一所 985 高校就业处挂职锻炼，有机会跟全国生涯规划领域的专家们进行探讨。后来，历时九个月，我组织、策划、举办了“勇往职前”行业职场挑战赛，行业内知名的 12 家企业全程参与，47 家企业外围观摩，受到学生、行业和媒体的一致好评。2019 年，成都本地一家施工企业支持我主研了“鹏鹰计划”人才孵化研究项目。“鹏鹰计划”是基于职场人的能力特点和成长规律，由高校与企业合作构建的以心理建设为基础、生涯教育为主线、赋能心智成长为核心、真实职业场景体验为载体的“教、练、学”三位一体的就业力训练体系和生涯教育系统，是集职场人就业创业、企业招聘、职业技能系统训练为一体的创新模式。我的关注点从自我转向了更大的群体，后来在 NLP 的学习中，我知道了这个是“理解六层次”里的“系统”“身份”和“价值观”。

学习不难，改变不容易。为此，我一个猛子扎进心理学浩瀚的知识海洋里。我利用假期、周末外出参加培训，自学、看书、蹭课……我坚持了8年每周二、周三晚上学习。刚开始可能是学知识点，学一招一式。真拿到现实中比画，就发现有些问题想不通了。怎么办？得找人请教。请教的人在哪儿呢？谁教我，我就找谁。记得2020年疫情期间参加NLP执行师线上课程，我一个人在家，坐在茶几前的地上一节课一节课地学，做练习的时候，回忆创伤常常让我痛苦得不行，有时痛苦的情绪会持续好几天。我只是观察情绪，感受情绪的起落，感受情绪转折中微妙的临界点，有些疗愈就自然发生了。有时，我会和导师讨论，和同学互相练习。我逐渐可以自我疗愈，自然而然地运用心理学知识、NLP执行师的技巧把自己从痛苦混乱中带出来。连续三个月我每天学习和练习的时间超过12个小时。NLP训练营我参加了3期，因此练就了一身可以自由穿梭于潜意识“深海”的本领。我迷上了系统排列课，跟着国内外10个知名老师学习，上了4个导师班。**学以致用，我像做科研一样研究着自己，乐此不疲，在本子上默默记录着自己成长的10000个小时。**

在业余时间里，我开过餐馆，经营过农庄，也曾被欺骗过。做过许多错事，压力大时，常情绪崩溃，哭完了再来，做错了就改，不懂的再学。我培养的学生进入各级党政、事业单位，成为各行各业的人才，也有很多保送到更高级别的研究院所，在世界知名的院校攻读硕士、博士。在2023年底结束的四川省首届大学生职业规划大赛中，我指导的学生荣获就业赛道第一名。我曾经经历过的一地鸡毛，如今都变成了我宝贵的经验。再遇到类似情境时，我多了一份从容和淡定。在高维思维的加持下，我可以想出更多贴近现实的策略和方法。当我作为咨询师或者教练时，因为曾经淋过雨，所以我更能理解、尊重对方，与对方共情。**走出困境的坑我踩过，限制性信念的拧巴我经历过，一念之转的柳暗花明我尝过，更新思维迭代的坚持我做过。**因为真实地体验过，所以其中的难点、关键点、窍门成为我独有的宝藏。十几年的深研和践行，我的专业水平仍在持续精进中。

人生如逆旅，我亦是行人。历尽千帆，归来仍是少年。2024年，我将更有力量地追寻内心美好的画面，开启我对外输出的元年，托举更多的人。**我愿成为你腋下的风，在成就你的路上成就我自己。**

人生如逆旅，我亦是行人。历尽千帆，归来仍是少年。